SHOW YOUR WORK!

YOUR WORK!

10 WAYS TO SHARE YOUR CREATIVITY AND GET DISCOVERED

AUSTIN KLEON

點子就要秀出來

10 個行銷創意的好撇步，讓人發掘你的才華

奧斯汀‧克隆 Austin Kleon ／著

張舜芬、徐立妍／譯

點子就要秀出來

10個行銷創意的好撇步，讓人發掘你的才華

Show Your Work: 10 Ways to Share Your Creativity and Get Discovered

作　　者	奧斯汀‧克隆 Austin Kleon	
譯　　者	張舜芬、徐立妍	
責任編輯	徐立妍	
行銷企劃	高芸珮	
美術設計	賴姵伶	
發 行 人	王榮文	
出版發行	遠流出版事業股份有限公司	
地　　址	104005 臺北市中山區中山北路1 段11 號13 樓	
客服電話	02-2571-0297	
傳　　真	02-2571-0197	
郵　　撥	0189456-1	
著作權顧問	蕭雄淋律師	

First published in the United States as:
SHOW YOUR WORK: 10 Ways to Share Your Creativity and Get
Discovered
Copyright © 2014 by Austin Kleon
Illustrations copyright © 2014 by Austin Kleon
Published by arrangement with Workman Publishing Company, Inc.,
New York
Arranged through Big Apple Agency, Inc., Labuan, Malaysia.
Traditional Chinese copyright © 2014 by Yuan-Liou Publishing Co.,
Ltd., Taiwan
All rights reserved.

2014年10月01日　初版一刷
2023年 6 月13日　初版十一刷
定　　價　新台幣250元
（如有缺頁或破損，請寄回更換）
有著作權‧侵害必究 Printed in Taiwan
ISBN　　　978-957-32-7501-5
遠流博識網　http://www.ylib.com
E-mail　　ylib@ylib.com

國家圖書館出版品預行編目 (CIP) 資料

點子就要秀出來：10 個行銷創意的好撇步，讓人發掘你的才華 / 奧
斯汀‧克隆（Austin Kleon）著；張舜芬，徐立妍譯. -- 初版 .-- 臺
北市：遠流, 2014.10
　面；　公分
譯自：Show Your Work! : 10 Ways to Share Your Creativity and
Get Discovered
ISBN 978-957-32-7501-5(平裝)

1. 職場成功法 2. 生涯規劃 3. 網路社群

494.35　　　　　　　　　　　　　　　　103018221

SHOW YOUR WORK!

10 WAYS TO SHARE YOUR CREATIVITY AND GET DISCOVERED

AUSTIN KLEON

目次

" FOR ARTISTS,
PROBLEM TO SOL
GET ONESELF

— HONORÉ

THE GREAT
VE IS HOW TO
NOTICED."

DE BALZAC

「對藝術家來說，一大難關是如何讓自己受人矚目。」
——法國現實主義作家／奧諾雷・德・巴爾札克

「創意不是一種天份，而是一種經營。」

——英國演員／約翰·克里斯
（John Cleese）

A NEW WAY OF OPERATING

一種新的經營方式

當我有幸得與讀者交流時，最常被問到的問題都與自我推銷有關：

怎樣才能受到注目？

如何找到觀眾？

你是怎麼辦到的？

我討厭談自我推銷。喜劇演員史提夫·馬汀（Steve Martin）用一句建議躲掉這些問題，為人傳頌：「做到出類拔萃，別人就不會對你視而不見。」馬汀說，只要你專心自我精進，別人自然會找上你。剛好我也同意：你不是在替自己的作品找觀眾，而是觀眾找到你。但光是作品優秀還不夠，要讓觀眾能找到你，你得是找得到的。我認為有一個簡單的方法，可以把自己的作品公諸於世，讓人發掘，同時專注讓自己的能力卓越超群。

幾乎現在所有我景仰、會試著偷學的對象，無論職業為何，都會把分享當成例行公事。他們不會在雞尾酒晚會裡閒扯淡，他們根本忙到沒時間去鬼混。他們會在工作室裡、實驗室裡、或者辦公室座位上努力工作，對於自己現下的工作開誠布公，絕對不會保密到家，並且持續在網路上分享工作內容的點點滴滴，包括點子與學習感想。他們不會浪費時間打關係，而是善用網絡創造關係。透過大方分享點子與知識，他們往往能贏得有一天會派上用場的觀眾：或許會變成夥伴、會提供回饋或贊助。

我想寫一本新手指南來說明這種新的自我經營方式，也就是說，這本書適合所有討厭自我推銷的讀者，可以說是自我推銷的替代方案。我會試著提點你，如何把工作想成持續的過程；如何分享創作過程，才能吸引志同道合的潛在觀眾；如何面對把自己、把作品公諸於世之後的跌宕起伏。

如果《點子都是偷來的》是一本如何從別人身上偷學影響力的書，這本書則是讓你學會發揮影響力，讓人從你身上偷學。

crafting something

is a long,
uncertain process.

a

maker should

show

her

work

打造一件作品是漫長、充滿不確定性的過程。
創作者要勇於秀出作品！

說不定，你未來的老闆不需要看你的履歷了，因為他已經看過你的部落格。或者你還是學生，但因為把期末作業放上網公開，結果接到人生第一個案子。說不定，即使你丟了工作，社群網絡上還有一群人熟悉你的作品，隨時能再介紹新的給你。或者你無心插柳的業餘嗜好變成了專業，只因為有死忠粉絲挺你。

或者簡單一點想，結果也是一樣令人滿意：你可以把大部分時間、力氣、心思都投入琢磨一種技巧、捉摸一門生意，或是經營一項事業，同時你還可以讓你的工作或作品有機會吸引到同好。

只要秀出你的點子！

① YOU DO

TO BE A

N'T HAVE
GENIUS.

你不必是天才

FIND A SCENIUS.

找到眾才

「你有什麼就給什麼。對某個人來說，你的敝屣可能是珍寶。」

——美國詩人／亨利‧沃茲沃斯‧朗費羅
（Henry Wadsworth Longfellow）

關於創意，有許多有害無益的迷思，其中一個最糟糕的是「孤獨天才」：擁有超人般能力的天才突然出現在歷史上的某一刻，沒受到什麼思潮影響或前人啟蒙，而是有如神助或謬斯女神啟發。靈感來臨就宛如雷擊，他的腦袋像燈泡被倏地點亮，接下來他就耗在工作室裡，把點子琢磨成曠世鉅作。如果你相信這個孤獨天才的迷思，那麼創作就是反社會化的行為，只有寥寥可數的大師級人物才辦得到——多數已經作古，像是莫札特、愛因斯坦或畢卡索。凡人如我們，只有在一旁對大師傑作目瞪口呆的份兒。

貝多芬

關於創造力，有一個比較健康的想法，流行音樂家布萊恩・伊諾（Brian Eno）稱之為「眾才」。在這個模式下，好點子通常是一群創意人生出來的：藝術家、策展人、思想家、理論家，及其他潮流開創者，他們組成了一個「天才生態系」。如果你仔細回想歷史，我們以為是孤獨天才的大師，事實上都是「互相支持、互相觀摩、互相抄襲、互相偷點子，也互相提主意的一幫人」當中的一份子。眾才這個概念，並不是要把大師的個人成就視為無物，只是要點出好的作品並非神來之筆，就某個程度來說，創意都是協作，都是心智相互交融的結果。

我喜歡眾才這個想法，它讓我們這些自知不是天才的凡人，在創意的過程中也佔上一席之地。要在眾才裡成為重要的一份子，並非取決於你多聰明或多有能耐，而是你能貢獻什麼：你分享的點子、你的延伸想法有多少價值、你開啟的對話。如果我們不要那麼在乎天才，而多尋思自己能如何孕育眾才並做出貢獻，就能調整對自我的期許，以及希望這個世界接納我們的時候，又該抱著什麼期許。我們可以不要再問其他人能為我們做什麼，開始問自己能為其他人做什麼。

在我們所處的年代，要加入眾才無比容易。網路基本上就是一大群眾才的連結，超越了地理藩籬。部落格、社群網站、電郵群組、討論板、論壇——其實都是一樣的，都是讓人消磨時間、討論所關切事物的虛擬會所，門口沒有保鑣、沒有守門員，要進入這些會所毫無阻礙：你不必家財萬貫、不必德高望重、不需要驚人履歷或名校學歷。在網路上，每個人——藝術家與策展人、大師與學徒、專家與業餘愛好者——都有貢獻一己之力的能力。

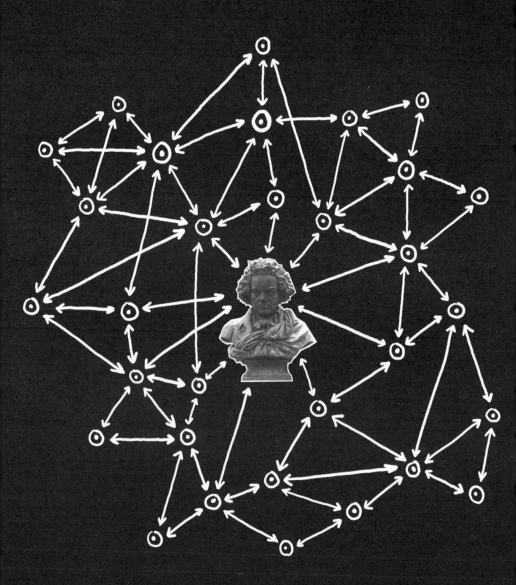

BE AN AMATEUR.

當個業餘愛好者

「我們每個人都是業餘愛好者。我們都活得不夠久，沒辦法脫離這個境地。」

——英國喜劇演員／查理·卓別林
（Charlie Chaplin）

我們都很害怕別人拆穿我們只是業餘愛好者，但事實上，業餘愛好者現在通常比專業人士更有優勢。業餘愛好者是充滿熱情、墜入情網般瘋狂投入作品的人（amateur 這個字在法文裡意指「情人」），不會去計較可能得到的名聲、酬勞，或職業成就。因為業餘愛好者不計得失，所以勇於嘗試並分享結果，他們願意冒險、實驗，隨興所至而發揮。有時候，在他們用不專業的方式做事的過程裡，會有新發現。日本禪僧鈴木俊隆（Shunryu Suzuki）說：「初學者的心，面向無限可能；老手的心則飽受羈絆。」

業餘愛好者不怕犯錯，不怕當眾獻醜，他們宛如深陷愛河，所以即使是其他人覺得很蠢或很傻的工作，也毫不猶豫去做。美國社會觀察作家克萊‧舍基（Clay Shirky）在《認知盈餘》（*Cognitive Surplus*）書中寫道：「傻翻天的創意仍舊是創意；在創意工作的光譜上，平庸與出色之間還有很大的空間。不過即使是平庸，畢竟還是在創意光譜上，你可以一點一滴從平庸進展到出色。真正的差別是在做與不做。」業餘愛好者明白，付出點什麼總比什麼都不付出好。

業餘愛好者可能沒受過正式訓練，但是一輩子都在學，而且他們特別要大方公開地學，這樣其他人才能從他們的失敗與成功中學到教訓。美國作家大衛・福斯特・華萊士（David Foster Wallace）說，他認為好的非小說是一種機會，可以「觀察一個相當聰明卻也不脫平凡的人，窮盡心力、絞盡腦汁，去思考各種我們多數人一輩子都不會去想的不同事物」。業餘愛好者也是如此：他們都是迷上某件事物的普通人，花了大把時間思考，並且大聲分享想法。

有時候，從臭皮匠身上學到的會比諸葛亮多。英國作家 C. S. 路易斯（C. S. Lewis）認為：「兩個學生互相解彼此的困難習題，經常會解得比老師好。同學解題解得比老師好，因為他知道的還少，我們要他解的難題，是他最近才剛碰過的。同樣的難題老師以前也碰過，但久到他都忘了該怎麼解才好。」看著業餘愛好者工作，也會激發我們想一試身手。英國的新秩序樂團（New Order）主唱博納德・蘇納說：「我看了性感手槍樂團（Sex Pistols）的表演，他們糟透了……糟到我想站起來加入他們的行列。」純粹的熱情是會感染的。

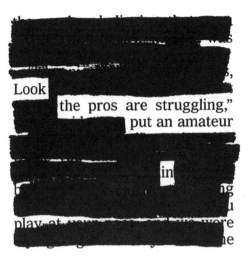

你看，專家在掙扎，讓業餘的來！

跳脫你的專業

抗拒完美

愛什麼更多一點

世界瞬息萬變，我們每個人都會變成業餘愛好者。即使是專業人士，要發光發熱最好的辦法便是保有業餘愛好者的精神，勇敢接受不確定性及未知。有人問電台司令樂團（Radiohead）主唱湯姆·約克（Thom Yorke）他最大的優勢是什麼，他回答：「就是不知道自己在做什麼。」美國民謠歌手湯姆·魏茲（Tom Waits）是約克的偶像，每當約克察覺到自己寫歌寫得太輕鬆愜意或了無新意，他就會學魏茲那樣，挑一種沒學過的樂器，試著彈奏並用來寫歌。這正好也是業餘愛好者的一個特質：他們會利用任何可上手的工具，試圖把想法傳遞給世人。約翰·藍儂說：「老兄，我是個藝術家。給我一把低音號，我就吹首曲子給你。」

要開始踏上分享作品之路，最好的辦法是思考你想學什麼，並下定決心要在眾目睽睽之下學習。找一個眾才，注意別人在分享什麼，再開始記下別人不會分享的是哪些。細心留意可以憑一己之力補上的空缺，即使乍看之下這個空缺有多糟，也不要放棄。至少現在別擔心你會怎麼獲利或該如何經營，別再想當專家（或專業人士），盡情展露你的業餘愛好精神（你的心、你的愛）。分享所愛，有志一同的人自然就會找到你。

YOU CAN'T FIND YOUR VOICE IF YOU DON'T USE IT.

不發聲就會失聲

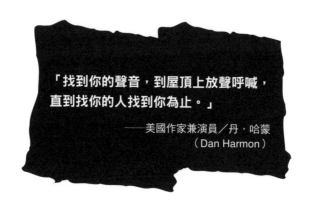

「找到你的聲音，到屋頂上放聲呼喊，直到找你的人找到你為止。」

──美國作家兼演員／丹・哈蒙
（Dan Harmon）

每個人都告訴我們要找到自己的聲音。年紀輕一點的時候，我對這句話似懂非懂。以前我擔心得不得了，思索著我有沒有自己的聲音，但現在我了解到，要找到聲音，唯一的辦法就是去用它。聲音一直都在，內建在你體內。談一談你喜愛的事物，你的聲音就將呼之欲出。

已過世的電影評論家羅傑・艾伯特（Roger Ebert）為了治療癌症經歷多次重大手術，期間他失去了說話的能力，他真的失去了聲音，再也說不出話來。原本他靠著上電視談話來養家活口，現在卻一個字都說不出來。為了要和家人、朋友溝通，他只能透過紙筆潦草回覆，或在他的 Mac 筆記型電腦裡輸入文字，再由奇怪的電腦語音朗讀，透過喇叭說出來。

由於再也無法與人閒話家常，他全心投入經營推特，在臉書上發文，也會在個人部落格（rogerebert.com）發表文章。他像在與時間賽跑一樣發文飛快，幾十萬字洋洋灑灑，想得到的事情什麼都寫：在伊利諾州厄巴納（Urbana）度過的年少時光、對 Steak'n Shake 連鎖牛排屋的喜愛、他與著名電影明星的對話，以及他對於死之將至的想法。回應他文章的人有成千上萬，他也會逐一回覆，寫部落格變成他與世界的主要溝通方式，「在網路世界裡，我可以表達真正的聲音。」他寫道。

QUESTIONS
FOR A
NEW TOOL

新工具的問題

WHAT WAS IT
MADE FOR?

材質是什麼？

HOW ARE OTHERS
USING IT?

我可以用來做什麼？

WHAT USE
CAN I FIND
FOR IT?

其他人怎麼使用？

艾伯特知道他在世上的時日短暫，想在有生之年盡可能分享所知。記者珍奈·馬斯玲（Janet Maslin）說：「艾伯特先生像是賭上性命一樣地寫，因為事實就是如此。」艾伯特寫部落格，因為他非寫不可，這攸關著他的聲音是會被聽見或被忽略，亦即他的生命是存在或不存在。

這聽起來有些極端，但時至今日，如果你的作品沒放上網路，就是不存在。我們都有機會使用我們的聲音，暢所欲言，但許多人任由這機會溜走。如果你希望人們了解你的工作，了解你所在乎的事物，你就得分享。

「記得自己即將死去，是幫助我在生命中做出重大決定最重要的工具。因為幾乎所有的事情──所有對身外物的期望、所有的驕傲、所有對於出醜或失敗的懼怕──在死亡面前這些都將分崩離析，只有真正重要的會留下來。記得死之將至，是我所知避免得患失最好的方法。你已經孑然一身。」

──蘋果電腦創辦人／史蒂夫‧賈伯斯
（Steve Jobs）

READ OBITUARIES.

讀訃聞

如果這些聽起來很可怕或好像很麻煩,想想看:有一天你終
將死去。多數人都寧願忽略這生命最基本的本質,但是思考
我們必然降臨的人生終章,可以讓一切理出新意。

我們都讀過瀕死經驗如何改變人生的故事。大導演喬治・魯
卡斯(George Lucas)少年時差點在一場車禍中身亡,於是
他下定決心:「現在每一天都是多活的一天。」他全心投入
電影事業,並執導《星際大戰》。經典另類樂團火焰紅唇
(The Flaming Lips)的主唱韋恩・柯尼(Wayne Coyne),

16 歲在 Long John Silver's 快餐店打工時遭歹徒挾持，他說：
「我發現我會死，開始有了這個想法以後……我有了 180 度
大轉變……我想著，我才不要呆坐著等事情發生，我要去讓
事情發生，就算有人覺得我是笨蛋，我也不在乎。」

美國作家兼插畫家提姆·克利德（Tim Kreider）在他的著作
《我們都學不會》（*We Learn Nothing*）中提到，喉嚨被刺
一刀是他身上發生過最棒的事，那一整年他都感到幸福、生
活圓滿。克利德寫道：「你可能以為，死裡逃生會是永遠改
變人生的經驗，」但是，「靈光只有乍現。」最後他還是回
歸「勞碌人生」。作家喬治·桑德斯（George Saunders）談
到自己的瀕死經驗時說：「事件發生後，頭四天裡的三天我
都覺得世界無比美好，因為我差一點回不來啊，不是嗎？我
就想，真希望可以一直抱持這樣的心境過活，一直真切意識
到人生必有完結。那就是關鍵。」

不幸的是，我是個懦夫。雖然我很喜歡伴隨瀕死經驗而來的存在主義式快慰，我並不真的想經歷瀕死。我想要平平安安，盡可能遠離死亡。我當然不想奚落、不想追求死亡，也不想讓它靠得太近。但我會想記得，死亡也將降臨在我身上。

所以我每天早上都會讀訃聞，訃聞就好比是懦夫的瀕死經驗，讓我可以思考死亡，同時保持安全距離。

訃聞不盡然都是談死，而是談生。美國藝術家瑪莉亞·高曼（Maria Kalman）說：「每一篇訃聞到頭來談的都是人們多麼偉大，情操多麼高貴。」讀到作古的人如何度過人生，會讓我想如法炮製、積極作為。每天早上都思考死亡，讓我更想好好活著。

a near-death experience

for the rest of us.

我們這些人的瀕死經驗

試試看：每天早上都讀點訃聞。從前人的混沌足跡中汲取靈感，他們原本都是業餘愛好者，湊合著既有的一切成就了後來的人生，並且勇於面對世人。追隨他們的腳步吧！

② THINK

NOT

PROCESS,
PRODUCT.

要想過程，不要想成品

「很多人很習慣只看工作的成果，他們看不到你為了產出成果經歷的工作另一面。」

——美國流行樂天王／麥可·傑克森（Michael Jackson）

TAKE PEOPLE
BEHIND THE SCENES.

讓人一窺創作幕後

一個畫家談論「創作」時,她說的可能是兩件不同的東西:作,也就是裱框掛在藝廊裡的成品;以及創,指的是工作室裡每日進行的幕後工作:尋找靈感、構思點子、在帆布上揮灑油畫顏料等等。「畫」可以是名詞,也可以是動詞。就和所有工作一樣,一個畫家創作的過程和創作的成品是不一樣的。

傳統上,畫家受到的訓練是要把創作過程視為自己獨享的祕密,這樣的想法在大衛·貝爾斯(David Bayles)以及泰德·奧蘭德(Ted Orland)合著的《開啟創作自信之旅》(*Art & Fear*)書中清楚說明:「除了你以外,所有欣賞作品的人在乎的是產品,也就是最終的成品;只有你會在乎過程,也就是創作的經驗。」藝術家理應要閉門造車,用鎖和鑰匙保管自己的想法和作品,等到生出個人的偉大作品之後,才試圖與觀眾連結。貝爾斯與奧蘭德寫道:「觀眾根本沒興趣知道創作的細節,因為從成品來看,幾乎看不到這些細節,或根本不知道有這些細節存在。」

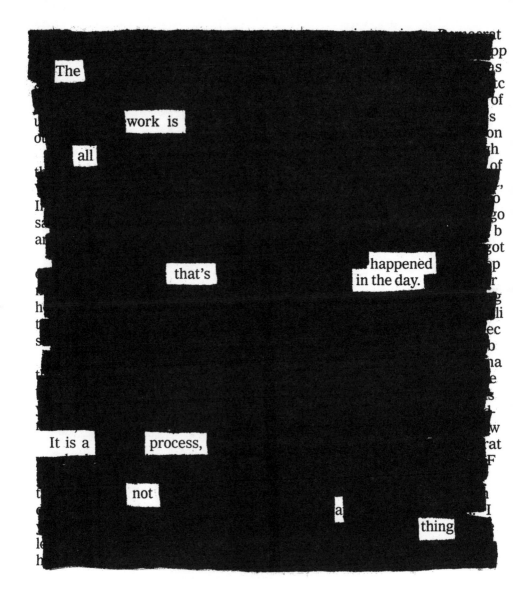

The work is all that's happened in the day.

It is a process, not a thing

創作即是日常事物的總集。
是一段過程，不是一樣東西。

在數位時代之前，這些說法還有道理，因為當時藝術家與觀眾連結唯一的方式，是透過藝廊展覽或者貴氣的藝術雜誌專訪。但如今，藉著善用網路及社群媒體優勢，藝術家可以隨時隨地、隨心所欲分享，而且成本極低。她可以決定要分享多少作品及個人隱私，想要的話也可以大方公開創作過程——她可以分享素描草稿和未完成的作品、貼出工作室的照片，或者在部落格裡暢談是什麼影響了她、靈感從哪裡來，以及使用什麼工具等等。藉著分享一日日的創作過程——亦即她真正在乎的事物——她可以和觀眾建立獨一無二的連結。

對很多藝術家來說，尤其是在無網路時代長大的那一代，分享創作過程隨之而來的這種開放性，以及易招致負評的可能，令人退避三舍。作家愛倫坡（Edgar Allan Poe）在 1846 年寫下：「多數的作家——尤其詩人——都情願別人以為他們創作是憑藉極致的癲狂，一種狂亂的直覺。如果要讓大眾窺探創作幕後，他們可能會嚇出一身冷汗。」

PROCESS
IS
MESSY.

過程
就是
一團亂

但是人類總是對其他人，以及其他人都在做什麼感到好奇。「大家真的想看香腸是怎麼灌的。」美國設計師丹‧普羅維斯特（Dan Provost）和湯姆‧蓋赫德（Tom Gerhardt）在他們談創業的書《一定很振奮》（*It Will Be Exhilarating*）裡是這麼說的：「持續把過程公諸於世，你就可以與顧客建立一種關係，讓他們看到產品背後的靈魂人物。」觀眾不只想發現絕佳的作品，他們也渴望有創意，也想成為創作過程的一份子。透過放下自我、分享創作過程，我們讓其他人有了與我們及我們的作品建立持續連結的可能，也有助於我們精進作品。

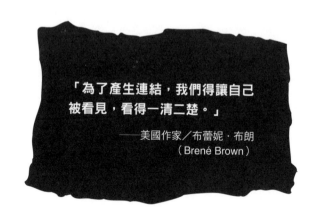

「為了產生連結，我們得讓自己被看見，看得一清二楚。」

——美國作家／布蕾妮‧布朗
（Brené Brown）

BECOME A DOCUMENTARIAN OF WHAT YOU DO.

翔實記錄所作所為

2013 年，太空人克里斯・哈費德（Chris Hadfield）在網路爆紅，他是國際太空站指揮官。距當時三年前，加拿大太空總署正面臨預算大減，亟需大眾支持的難關，哈費德和家人晚餐時圍坐餐桌旁，腦力激盪想辦法要引起大眾興趣。哈費德的兒子伊文回憶道：「父親想要找一種方式，幫助人們連結到太空人生活的真實面。不只是看到光鮮亮麗和艱深科學，還有日常活動。」

哈費德指揮官想要秀出他的點子。

兒子向他解釋社群媒體的運作方式，幫他設定推特及其他社群網站帳號之後，一切有了眉目。接下來五個月的太空任務中，他除了完成所有例行工作，他還在推特上發文、回覆推特追蹤者的提問、貼出他在太空中拍攝的地球照片、錄製音樂，還拍下自己在太空中剪指甲、刷牙、睡覺，甚至維修太空站的 YouTube 影片。數百萬人對這些都照單全收，包括我的經紀人泰德，他推文回覆：「通常我不會看一群男人修水管的影片，但這是在外太空啊！」

好，我們也要明白：不是每個人都是藝術家或者太空人。我們許多人埋首工作，一整天下來卻覺得沒什麼好分享。但無論你的工作本質為何，你的所作所為都是一門藝術；只要你用對的方式呈現，就會有人對那一門藝術感到興味盎然。事實上，如果你的作品不易分享、如果你還算是個實習中的新手、如果你還不能夠整理出作品集，然後啪地闔上結束工作、如果你的創作過程還看不到明確的產出——在這些時候，分享你的創作過程才最有價值！

如何在什麼都沒有的情況下秀出作品呢？第一步是仔細檢視創作過程中剩餘的斷簡殘篇，重整成為可以分享的有趣媒材。你必須要把觀眾看不見的創作過程變成看得見的素材。有人問美國記者大衛・卡爾（David Carr）要給學生什麼忠告時，他說：「你必須要做點什麼出來。沒人會鳥你的履歷，他們只想看你用自己的一雙小手能做出什麼玩意兒。」

像拍紀錄片一樣翔實記錄自己的所作所為。開始寫工作日誌：在筆記本裡記下你的想法，或用錄音機把想法錄起來。手邊留一本剪貼簿。

RESEARCH 研究	JOURNALS 日誌
REFERENCE 參考	DRAFTS 草稿
DRAWINGS 塗鴉	PROTOTYPES 原型
PLANS ~~計畫~~ 計畫	DEMOS 展演
SKETCHES 素描	DIAGRAMS 圖表
INTERVIEWS 採訪	NOTES 筆記
AUDIO 音源檔	INSPIRATION 靈感
PHOTOGRAPHS 照片	SCRAPBOOKS 剪貼簿
VIDEO 影片	STORIES 故事
PINBOARDS 留言板	COLLECTIONS 選輯

在創作過程的不同階段，替自己的作品拍很多照片，錄影記錄自己工作中的景象。這無關創作藝術，而只是記錄你身邊發生了什麼事。依你所需，充分利用便宜、簡易的工具，這年頭，我們的智慧型手機已足以媲美全功能多媒體工作室。

無論你是否會分享，翔實記錄下你在創作過程中的點滴，還有其好處：你可以把自己埋頭苦幹的作品看得更清楚，感覺自己好像有進步。等你準備好可以分享，你就會有滿手的額外素材可以分享。

③ SHARE

SMALL EV

SOMETHING

ERY DAY.

每天都分享一點點

「每天秀出你自己和你的工作，你
就會開始遇到很棒的人。」

——知名設計部落格主編／鮑比 · 索羅門
（Bobby Solomon）

SEND OUT A DAILY DISPATCH.

每天秀出一點點

一夕成名是種迷思。仔細去看所有一夕成名的故事，你就會發現，背後幾乎全部都有十來年的辛勤耕耘和堅定毅力。創造出實質的作品需要很多時間，其實要花上一輩子，還好，你不需要一次用掉這麼一大段時間。不要再想有幾個十年、有幾年，也不要去算要幾個月，你只需要看每一天。

可以讓我的腦袋合宜運作的時間單位就只有「天」。四季會更替，星期完全是人為計數，但晨昏是一個韻律。日出而作，日落而息，這我可以處理。

每天在工作告一段落之後找個時間，回去翻看你的紀錄檔案，找出創作過程中可以分享的小片段，依據你現在身處創作過程的哪一個階段，可以分享的內容就不同。如果你還在摸索初期，可以分享你受到什麼影響、靈感從何而來；如果你在創作計畫的執行中期，分享你的創作方法、或作品的草稿雛形；如果你剛做完一個計畫，那就秀出完成的作品，分享剪剪貼貼後沒放進作品裡的遺珠，或寫一下你的感想；如果你有很多創作計畫要面世，也可以報告一下進度如何，可以說一說人們與你的作品如何互動的故事。

每天秀出一點點，比丟一份簡歷或甚至一組作品集來得更好，這樣能秀出我們現在在做什麼。網路創作者傑・法蘭克（Ze Frank）在面談新人時，曾這麼抱怨過：「我請他們秀出作品給我看，他們給我看學校的作業、或者前一份工作的成品，但我比較有興趣的，其實是上個週末他們在做什麼。」每天秀出一點點，做得好的話，就像 DVD 電影開始播放前的花絮預告，你可以搶先看到在電影拍攝的同時，有哪些被刪掉的場景、聽到導演評論。

ONE MONTH 一個月
↓

ONE DAY 一天
↓

×

× ×
× × × × ×
× × × × × ×
× × × × × ×
× × × × × ×
× × × × × ×

ONE YEAR 一整年

↓

用什麼形式分享都沒有關係。每天分享一點點，其實什麼都可以：一篇部落格文章、一封電郵、一則推特短文、一段 YouTube 影片，或者其他媒體的小片段，並不是每個人都要照著某一種模式做。

社群媒體網站是分享每日更新的完美所在。不需要擔心是不是每個平台都要使用，依據你的工作內容、想要連結到的人，挑幾個出來選。電影人常在 YouTube 或 Vimeo 上出沒；商務人士不知為何很喜歡 LinkedIn；作家喜歡推特；視覺藝術家似乎喜歡 Tumblr、Instagram，或者 Facebook。社群場域經常在變，一直都有新的平台出現……或者消聲匿跡。

不要害怕嘗新，試用新的平台，看看你能不能變出什麼趣味。如果你覺得某個平台不好用，放棄也沒關係，運用你的創造力。出生即眼盲的影評人湯米・愛迪森（Tommy Edison），每天都會拍下日常生活照片，透過 @blindfilmcritic 帳號張貼在 Instagram 上，追蹤人數現在已達 3 萬人！

在很多社群網站上，發文就是把文字打在方格裡。你會在方格裡輸入什麼，就看引子是什麼。Facebook 要你自我沉溺，會列出一些問句，例如：「你近來如何？」或者「在想些什麼？」推特的引子也沒好多少：「發生什麼事？」我喜歡 dribbble.com 的標語：「你現在在做什麼？」用力想這個問題，你就會言之有物。不要秀你吃什麼午餐、喝什麼拿鐵；秀你的作品。

STURGEON'S LAW

史德俊定律

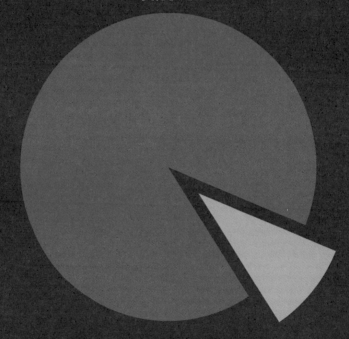

■ **CRAP**   ■ **NOT CRAP**

垃圾   不是垃圾

不要擔心你張貼的文句不夠完美。科幻小說作家希爾德‧史德俊（Theodore Sturgeon）曾經說，萬物有九成皆垃圾，我們的作品也是如此，問題是我們不一定知道什麼好、什麼糟。這也是為什麼把作品放在眾人面前、觀察他們的反應很重要。藝術家韋恩‧懷特（Wayne White）說：「有時候你真的很難拿個準，真的需要一點社群的化學變化，你才偶爾能看到箇中奧妙。」

別說你沒時間。每個人都很忙，但一個人都是一天 24 小時。經常有人問我：「你怎麼有時間做這麼多事呢？」我會回說：「就是要找時間啊。」找時間跟找零錢一樣：都是在微不足道的小地方，在大塊行程之間總有些零碎時間——通勤、午餐、小孩睡著後你睡前的幾個小時。你可能會因此少看一集喜歡的電視影集，或者少睡一個鐘頭，但是如果你要找時間是找得到的。我喜歡在全世界都睡著時工作，在全世界醒來時分享。

當然，分享不應該喧賓奪主，實際進行創作還是比較重要。如果你覺得分享與創作之間要平衡很難，乾脆訂一個 30 分鐘的鬧鈴，時間一到就把網路關掉、回去做正經事！

「一次過好一天。聽起來很簡單，實際上也很簡單，但不容易做到：需要異常恪守、嚴謹有序。」

——英國喜劇演員／羅素 · 布藍德
（Russell Brand）

THE "SO WHAT?" TEST

「那又怎樣？」
測驗

別搞錯了：這不是你的日記，不是把一切所有都昭告世人，每一個字都要精雕細琢。」

——美國專欄作家／丹妮 · 夏彼洛
（Dani Shapiro）

永遠要謹記在心：所有公布上網的東西都將人盡皆知。作家凱文・凱利（Kevin Kelly）說：「網路是一台影印機。可以被複製的東西一旦被放到網路上，就會被複製，而且永不消失。」最好的情況是，你正好就是渴望你在網路上的發文被複製，並傳播得無遠弗屆，所以，如果還沒準備好讓作品人盡皆知，就不要公開上網。公關大師羅倫・塞蘭德（Lauren Cerand）曾說：「發文的時候，要把每個讀者都當作可以開除你的老闆。」

你可以敞開心胸，分享不完美、未完成的作品以尋求回饋，但不要什麼都分享。分享和過度分享之間有天壤之別。

分享是出於慷慨大方——因為你覺得分享的內容可能會幫助、或取悅螢幕另一端的某人。

WHAT tO SHOW:

要秀什麼：

~~DOGS~~
狗

~~SUNSETS~~
夕陽

~~CATS~~
貓

~~LUNCHES~~
午餐

~~BABIES~~
小孩

~~LATTES~~
拿鐵

~~SELFIES~~
自拍

(WORK)
作品

大學時我有一個老師，在發還改好的作業時，走到黑板前寫下幾個大字：「那又怎樣？」她扔掉手中的粉筆，接著說：「每一次交出一篇作文，都要問自己這個問題。」那堂課我永遠忘不了。

每當要與他人分享，一定都要問過這個問題：「那又怎樣？」不要想太多，跟著直覺走。如果你不確定是否要分享，那就再等 24 小時。把想要分享的東西放在抽屜裡，離開房間，隔天再拿出來，用全新的眼光去檢視。要自問：「這有用嗎？這有趣嗎？被我的老闆或我媽看到沒關係嗎？」先存起來放沒有什麼不對。「儲存草稿」就好比是避孕措施——當下可能覺得可惜，但是隔天一早你會覺得謝天謝地。

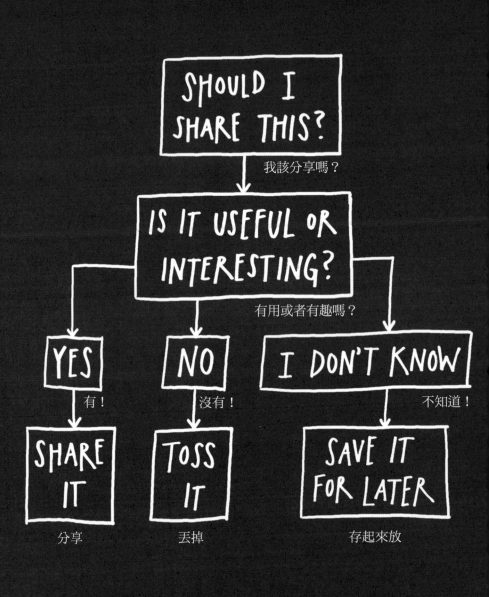

TURN YOUR FLOW INTO STOCK.

把流量轉為存量

「如果你每天都做出一點進度，
終將積沙成塔。」

——美國詩人／肯尼斯 · 哥史密斯
（Kenneth Goldsmith）

「存量與流量」是經濟學裡的概念，作家羅賓・史隆（Robin Sloan）曾用作描述媒體的比喻：「流量就是新聞快遞，就是發文和推文，是每天甚至更短週期的訊息更新，提醒人們你還存在。存量則是比較耐久的新聞專題，放了兩個月（或兩年）都還是一樣有趣的內容，是人們去搜尋才會找到的內容，緩慢穩定散播，隨著時間過去，愛好者有增無減。」史隆並說，不二法門就是前台維持流量、後台穩固存量。

我個人的經驗是，你的存量最好是透過蒐集、組織、延伸流量而來。社群網站的功能就像公開的筆記本——是我們大聲思考、與人交流，從而再激發更多想法的地方。但是記筆記有一個要訣，就是要複習才能物盡其用。你得梭尋玩味過去的想法，才看得出過往思考的脈絡。一旦你養成每日分享的習慣，就會在分享的內容中注意到主題和趨勢，在流量中找出模式。

FLOW 流量

 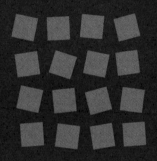

STOCK 存量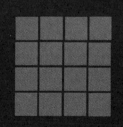

察覺到這些模式之後，你就可以開始蒐集吉光片羽，化作更宏觀而實質的總集，以及把你的流量轉為存量。比方說，這本書中有很多想法，一開始只是推特上的發文，然後變成部落格專文，接著衍生為一書的篇章。經過時間累積，點點滴滴也將匯聚成大江大海。

BUILD A GOOD (DOMAIN) NAME.

維護網域名聲

「在網路上建立可以暢所欲言、分享作品的個人空間，仍然是你活用時間最好的投資之一。」

——美國部落客／安迪・貝歐
（Andy Baio）

社群網站很好，但也有起起落落。（還記得 MySpace 嗎？Friendster？GeoCities？）如果你真的熱衷於分享作品、表達自我，除了建構自己的網路空間之外，別作他想：一個由你主導的空間、沒有人可以搶走、一個大家要找你一定找得到的全球總部。

十多年前，我賭下我僅有的一點網路名聲，註冊買下個人網域 austinkleon.com，當時我完全是個外行，沒有任何架網站的技巧：網站一開始的樣子就是很基本、很醜。後來，我學會怎麼架自己的部落格，改變了一切。部落格是把流量轉為存量的理想工具：單看一篇部落格文章沒什麼，但是十多年來累積發表一千篇就是你的人生成就。我的部落格就像是我的剪貼簿、我的藝廊、我的展場，也是我的沙龍，所有我生涯中的高潮都可以追溯到部落格。我的書、我的藝術展、我的演講邀約、我最珍貴的幾段友誼——都是因為我在網路上有自己的所在才會存在。

所以，若是闔上這本書、你應該要學到的事情會是：註冊購買個人網域，買下 www.（你的名字）.com。如果你的名字很常見，或你不喜歡自己的名字，可以用假名或化名去註冊；然後購買網站託管服務，架一個網站。（這些東西聽起來很技術性，但其實不難，稍微用 Google 研究一下、去圖書館借書來看，你就會找到辦法。）如果你沒有時間或不特別想自己架網站，還有為數不少的網頁設計師可以提供協助。你的網站不一定要美輪美奐，只要有就好了。

不要把你的網站當成是自我推銷的工具，而要當作是自我發明的載具。在網路上，你可以盡情展露自我，在你的網站上盡情揮灑你的作品和想法、以及你真正在乎的一切。

Go
on
Google
me

來 Google 我啊

未來許多年裡，你可能會想放棄，想投入最新、最亮眼的社群網站懷抱。要忍住，不要任由你的網站荒廢，眼光要放長遠一點。堅持下去，用心維護，讓網站隨著你變化成長。

創作歌手派蒂・史密斯（Patti Smith）還很年輕、剛出道的時候，小說家威廉・勃勒斯（William Burroughs）給她一個忠告：「建立名聲，愛惜羽毛，不要妥協，不要擔心能否飛黃騰達，專心致力做好妳的工作……如果妳可以建立好名聲，這響亮的名號就自有其價值。」

擁有自己的地盤，好處是你可以為所欲為，你的網域就是你的勢力範圍，你不需要聽命於人。讓你的網域聲名大噪，愛惜羽毛，它就會有自己的價值。無論讀者潛水或現身，你都是在那空間中努力經營，準備好隨時面對讀者。

④ OPEN CABINET CURIOS

UP YOUR

OF

ITIES.

打開你的奇寶房

「囤積物品的問題在於，你最後會變成只靠老本過活，總有一天，你會覺得乏味。如果你拋開你擁有的一切，你就什麼也沒有了，這會逼得你去尋找、保持警覺，補充自己的需求……你拋棄的越多，回來的也總會越多。」

——美國作家／保羅・亞頓
（Paul Arden）

DON'T BE A HOARDER.

別做囤積狂

如果你生在十六、十七世紀的歐洲，正巧家財萬貫又受過良好教育，應該就會跟上流行，在家裡準備一間奇寶房（Wunderkammern，或稱 wonder chamber 或 cabinet of curiosities），房中放滿稀罕而不凡的寶物，當作一種你渴求全世界知識的外在表現。在奇寶房中，你可能會看到書籍、骷髏、珠寶、貝殼、藝術品、植物、礦物、動物標本、石頭，或其他任何異國藝術品。這些收藏通常同時包括了自然與人工的驚異作品，展現出上帝與人類作品的混搭。這些房間相當於我們現代認為的當代藝術館先驅，在這裡能夠研究歷史、自然，及藝術。

我們都收藏了自己的寶物，可以是實體的奇寶房，例如客廳的書架上擺滿我們最喜愛的小說、唱片，和電影光碟；或者，我們收藏的可能比較接近看不見的心靈博物館，在大腦中陳列著一排排我們去過的地方、我們見過的人、我們累積的經驗，我們在工作時或在生活中遇見的奇怪與神奇事物，總是藏在腦海中隨身攜帶。這些無形的心靈剪貼簿形塑了我們的品味，而我們的品味會影響我們的作品。

收集與創造兩者的差異，可能沒有你想像得那麼大。我認識許多作家將閱讀及寫作視為存在於一道光譜的兩端：閱讀能餵養寫作，寫作也滋養閱讀。作家強納森・列瑟（Jonathan Lethem）曾經經營過書店，他說：「我基本上就像個策展人。寫書一直都和我過去賣書的經驗緊緊連結，我希望吸引別人注意我喜歡的東西，把我喜歡的東西塑造出新樣貌。」

我們的品味造就了我們，但是也會對我們自己的作品有負面影響。公共廣播節目主持人艾拉・葛拉斯（Ira Glass）說：「我們所有做創意工作的人，之所以會投入這一行，是因為我們品味好，但是中間有一道障礙要跨越。你工作的前幾年，做出來的作品就是沒那麼好，你努力要做出好作品，成品有潛力，但是不夠好。而你的品味，這是讓你一開始能投入的原因，仍然敏銳。」在我們準備好勇敢邁步向前跨，跟全世界分享我們的作品之前，我們可以在其他人的作品中分享品味。

你的靈感從哪裡來？你腦袋裡裝滿了什麼東西？你讀什麼書？你訂閱了什麼東西嗎？你在網路上會瀏覽什麼網站？你聽什麼音樂？看什麼電影？你會欣賞藝術嗎？你會收集什麼？你的剪貼簿裡有什麼？你書桌前的軟木板上釘了什麼？你在冰箱上貼了什麼？你崇拜誰的作品？你會偷誰的點子？你有偶像嗎？你在網路上追蹤什麼？你在自己的領域中最崇拜的實行者是誰？

這些影響你的東西都值得分享，因為它們能讓人們推斷出你是誰，以及你所做的事情——有時候甚至不只是你自己的作品。

「你的唱片收集是什麼樣，你大概就是什麼樣了。」

——美國音樂人／詭異 DJ
（DJ Spooky）

NO GUILTY PLEASURES.

快樂不是罪

「我不相信享受一件事是罪惡，如果你超他＊喜歡一樣東西，就喜歡啊。」
——美國搖滾樂手／戴夫・格羅爾
（Dave Grohl）

大約 20 年前，紐約市裡有一名清潔員叫做奈爾森・莫林那（Nelson Molina），他開始在清潔工作的路線上收集被丟棄的一小塊、一小片藝術作品，以及獨特的物品，最後成立了「垃圾博物館」，就在東 99 街上衛生局車庫的二樓，裡頭現在陳列了超過一千件物品，包括畫作、海報、照片、樂器、玩具，以及其他曾風光一時的玩意兒。收集這些東西沒有什麼一貫性的大原則，就只是莫林那喜歡的東西。有些同事會拿他們撿到的東西給他，但是由莫林那決定什麼可以展示在牆上、什麼不可以。「我跟大家說，就把東西拿過來，我會決定要不要掛起來。」收集到了一個程度，莫林那為博物館繪製了一塊招牌：**垃圾中的珍寶，奈爾森・莫林那。**

注意
請勿丟棄廢物或垃圾

「翻垃圾堆」也是藝術家工作的一環，從其他人的垃圾中找到寶藏；從我們文化的殘骸中淘洗出黃金；注意其他人都忽略了的東西；從別人棄置一旁的東西中汲取靈感，不管他們為什麼要丟棄這些東西。400多年前，法國哲學作家蒙田（Michel de Montaigne）在〈論經驗〉（On Experience）一文中寫道：「吾人看來，最為平凡之物、最普通熟悉之物，若能窺得其真實光采，則會化為極宏偉之奇蹟……當可為至驚奇之典範。」而要發掘璞玉，所需要的就是一雙清澈的眼睛、一個開放的心靈，以及願意在其他人不願意或不能到達的地方搜尋靈感。

我們都有一些喜愛的東西會被他人當成垃圾。你必須有勇氣繼續喜愛你的垃圾，因為我們每個人的獨特之處，就在於多元性及影響力的擴散力，別人對文化的評價有高、有低，而我們能用獨特的方式混合出自己的文化。

一旦你找到自己非常喜歡的東西，不要讓別人的評論破壞了你的心情。不要覺得享受你喜歡的東西是一種罪惡，而要大肆慶祝。

How to ... V...

be

exceptional

THE first step ... is to stop trying

如何能夠出類拔萃？
第一步就是別再試了。

在你分享了自己的喜好和所受的影響之後，勇敢承認這一切，不要輸給了自找的壓力，認為有必要解釋什麼。不要像某些遜咖，在唱片行爭論哪個龐克搖滾樂團比較「正宗」；不要努力讓自己變得比較潮或比較酷。大方公開坦承你喜歡什麼，這也是和喜歡這些東西的人建立連結最好的方式。

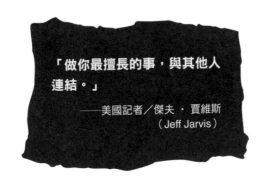

「做你最擅長的事，與其他人連結。」
——美國記者／傑夫 · 賈維斯
（Jeff Jarvis）

CREDIT IS ALWAYS DUE.

一定要標明出處

如果你分享了其他人的作品，你就有責任讓作品的創作者得到應有的功勞。現在很多人用剪貼的方式回覆部落格文章或是回覆推特推文，載明出處好像沒什麼意義，但其實很有價值，而且這麼做才是對的。你在分享別人的作品時，一定要像是發表自己的創作一樣，要懷著尊重及關懷之心。

我們在討論標明分享作品的出處時，大多數人只會想到作品原創者的困境，但這只是問題的其中一部分——如果你不能好好說明作品的出處，你不只是掠奪了原創者的心血，同時也掠奪了與你分享這個作品的觀眾權利，若是沒有標明原作者，觀眾就沒有辦法更深入了解作品，或是知道更多細節。

所以，怎麼樣才是超棒的分享方法？分享作品時，要歸功於原創作者，你就要提供所分享作品的內容細節：這個作品是什麼？是誰做的？怎麼做的？創作的時間和地點？為什麼你要分享？為什麼別人應該關心？哪裡還能看到類似這樣的作品？稱頌功勞就像是在你分享的作品旁設置一個小小的博物館說明牌。

另一種我們經常忽略的讚賞形式，就是我們是在哪裡找到我們分享的東西。我們都應該好好練習，如何大聲稱頌幫助我們遇見好作品的人，同時要留下麵包屑，讓與你分享的人能夠回溯到你的靈感來源。透過追蹤別人文章留下的「經由」（via）或是「脫帽致敬」（H/T）標示，我遇見了許多有趣的人，如果不是有很多我追隨的人，他們在分享作品時，會大方且嚴謹地標明原創者，我就會失去很多連結。

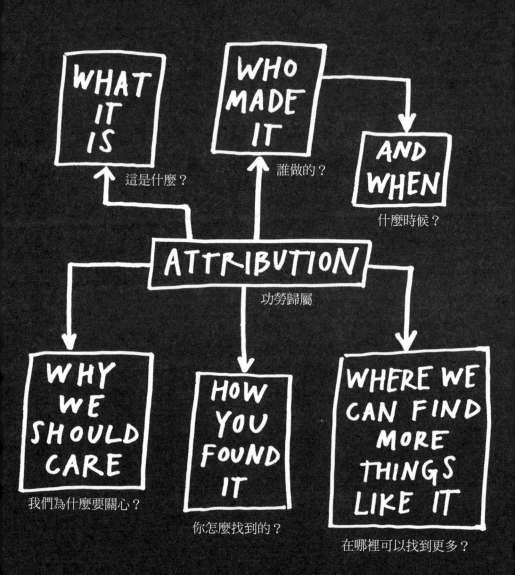

WHAT IT IS
這是什麼？

WHO MADE IT
誰做的？

AND WHEN
什麼時候？

ATTRIBUTION
功勞歸屬

WHY WE SHOULD CARE
我們為什麼要關心？

HOW YOU FOUND IT
你怎麼找到的？

WHERE WE CAN FIND MORE THINGS LIKE IT
在哪裡可以找到更多？

在網路上，最重要的歸功形式就是一個超連結，連回作品原創者的網站，這樣可以讓看見作品的人回到作品的源頭。網路守則第一條：人都是懶惰的。如果你不放上連結，大家就不會去點。載明出處卻沒有放上連結，在網路上毫無用處：99.9% 的人根本懶得去搜尋某人的名字。

這一切讓人產生了一個疑問：如果你想分享某樣東西，卻不知道是從哪裡來的、是誰做的，怎麼辦？答案：不要分享你無法載明出處的東西。找出正確的原創者，否則就不要分享。

⑤ TELL
STORI

GOOD

ES.

說好聽的故事

WORK DOESN'T SPEAK FOR ITSELF.

作品不會自己說話

閉上眼睛，想像你是個有錢的收藏家，剛走進一座美術館的藝廊，你在牆上看到兩幅巨大的帆布，每幅都超過 3 公尺高，畫作描繪的都是日落時的港邊景色。從藝廊的另一端，兩幅畫看起來一模一樣：相同的船、相同的海面倒影、相同的太陽、相同的日落角度。你走近一點看個仔細，不管哪裡都找不到標籤或說明牌，你開始執著於這兩幅畫作，還暱稱為畫作 A 與畫作 B。你花了一個小時在兩幅帆布間來回走動，比較筆刷的筆觸。你找不出一絲相異之處。

就在你準備去找美術館的警衛或是某個人，只要能為這兩幅神祕的雙生畫作提供一點線索都好，這時候，美術館館長走了進來。你急忙詢問你剛迷上的這兩幅畫作，究竟從何而來。館長告訴你，畫作 A 是十七世紀一位荷蘭大師的作品。你問：「那麼畫作 B 呢？」館長回答：「啊，沒錯，畫作 B 是一幅贗品，是上禮拜本地美術學院的一名研究生畫的。」

抬頭看看這兩幅畫，哪一幅現在看起來比較好？你想買回家的是哪一幅？

藝術仿冒是一種奇怪的現象。「你可能以為自己欣賞畫作時，是喜歡其顏色、形狀和作畫模式，」心理學教授保羅・布倫（Paul Bloom）說，「如果是這樣，那麼畫作是原作或是贗品，應該一點也不重要。」但是我們的大腦不是這麼一回事，「當我們看見一個物品、一道食物、一張臉的時候，我們的評價，例如我們有多喜歡這樣東西、這樣東西價值多少，都深深受到你怎麼形容這樣東西的影響。」

美國社會觀察作家喬舒華‧葛蘭（Joshua Glenn）與羅伯‧沃克（Rob Walker）合著的《特殊物品》（*Significant Objects*）中，記錄了一項實驗，他們藉此實驗來驗證這項假設：「故事對物品在人心中的價值有很大的影響力，不管是什麼東西，我們其實可以依據故事來客觀衡量物品的主觀價值。」首先，他們到二手商店、跳蚤市場，以及車庫拍賣中買了一大堆「不特殊」的東西，平均物品單價約為台幣40元。然後他們僱用許多作家，有些是知名作家，也有沒沒無名的，請他們幫每樣物品編造一個故事，讓物品變得「特殊」。最後，他們把每樣東西都放上拍賣網站，用編造的故事當作物品敘述，用他們原本買下這件物品的價格當作拍賣底價，實驗最後的結果，原來總價不超過台幣 4 千元的小玩意兒，拍賣所得將近台幣 11 萬元。

「要假造照片，你只要改個標題就可以；要假造畫作，就改個原創者。」

——美國導演／埃洛‧莫里斯（Errol Morris）

文字很重要。藝術家老愛搬出那一句老掉牙的話：「我的作品會自己說話。」但事實是，**我們的作品不會自己說話**。人類都想知道事物是從哪裡來的、是怎麼做出來的、是誰做的。你為作品說的故事確實有很大的影響力，能夠影響人們的感受以及對你作品的理解，而他們的感受及對作品的理解，會影響他們對作品價值的認知。

藝術家瑞秋·蘇斯曼（Rachel Sussman）說：「為什麼我們要描述在工作室裡遇到的挫折與轉折？或是要講說我們花了多少時間打穩基礎，還有最後成果出爐前的失敗？因為，除了極少數的例外，我們的觀眾都是人，而只要是人都會想有所連結。個人故事可以讓複雜的東西更具體，點亮所有連結，讓觀眾能深入了解作品；如果少了故事，觀眾可能毫無感覺。」

PICTURES CAN SAY WHATEVER WE WANT THEM TO SAY.

我們想讓這張圖代表什麼，就是什麼

MOUNTAIN

山峰

SHARK FIN

鯊魚鰭

STALAGMITE

石筍

WIZARD HAT

巫師帽

TORTILLA CHIP

玉米片

(YOUR CAPTION GOES HERE.)

（你自己下標題）

你的作品不會憑空出現。不管你有沒有意識到，你已經在為自己的作品說故事了。你寄出的每一封電子郵件、發的每一則訊息、每一次對話、每一則部落格回應、每則推文、每張照片、每支影片……這些都是你不斷建立的多媒體敘述片段。如果你想要更有效率地分享自己和你的作品，你就要說更好聽的故事，你必須知道什麼是好故事、怎麼說才是好故事。

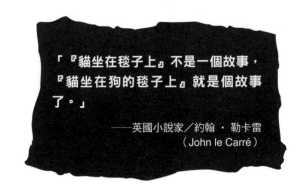

「『貓坐在毯子上』不是一個故事，『貓坐在狗的毯子上』就是個故事了。」

——英國小說家／約翰‧勒卡雷
（John le Carré）

STRUCTURE IS EVERYTHING.

結構就是一切

「第一幕，你讓主角如大樹挺拔；第二幕，你對主角丟石頭；第三幕，讓大樹倒下。」

——美國劇場導演／喬治 · 艾伯特（George Abbott）

DAN HARMON'S STORY CIRCLE

丹・哈蒙的故事循環

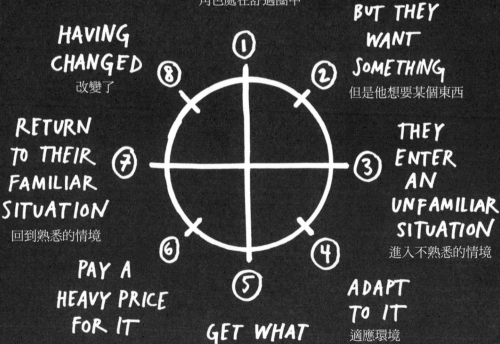

A CHARACTER IS IN A ZONE OF COMFORT

角色處在舒適圈中

BUT THEY WANT SOMETHING

但是他想要某個東西

HAVING CHANGED

改變了

RETURN TO THEIR FAMILIAR SITUATION

回到熟悉的情境

THEY ENTER AN UNFAMILIAR SITUATION

進入不熟悉的情境

PAY A HEAVY PRICE FOR IT

付出巨大的代價

GET WHAT THEY WANTED

得到想要的東西

ADAPT TO IT

適應環境

故事中最重要的部分就是結構。一個好的故事結構要有條理、嚴謹、符合邏輯；不幸的是，大多數人的生活都是一團糟、充滿不確定性、沒有邏輯。我們許多原始的經驗並不能完美套用進傳統的童話故事，或者好萊塢電影的情節，有時候我們得刪減掉很多東西，大量改編，才能讓我們的生活像是一個故事。如果你研究過故事的結構，你就會了解結構是如何運作的，而一旦你知道運作的方式，你就可以開始偷學故事的結構，用你自己生活中的角色、情境，和設定填進故事裡。

許多故事結構都可以回溯到神話及童話故事。艾瑪・寇茲（Emma Coats）曾任職於皮克斯動畫工作室，擔任故事板設計師，她將童話故事的基本結構設計成了某種填空遊戲，你可以填入自己的元素：「很久很久以前，有一個 ＿＿＿，每天，＿＿＿。有一天，＿＿＿；因此，＿＿＿；因此，＿＿＿。最後，＿＿＿。」選一個你最喜歡的故事，試著填入空格，你會很訝異這招居然常常都管用。

哲學家亞里斯多德說過，一個故事有開始、中間，然後結尾；作家約翰 · 賈納（John Gardner）也說，幾乎所有故事的基本情節都像這樣：「一個角色想要什麼東西，儘管遭到反對（或許也包括自己的質疑）還是去追求，最後結果是得到、失去，或者沒有結果。」我喜歡賈納的情節公式，因為這也是大多數創意工作的模式：你想到一個絕妙點子，費盡一切心力執行這個點子，然後把點子公開給全世界的人知道，最後可能得到什麼、失去什麼，或者沒有結果。有時候這個點子成功了，有時候失敗了，更多時候比失敗還糟，點子一點用也沒有。這個簡單的公式可以套用在幾乎每一種工作計劃上：有最初的問題，得做些什麼來解決問題，然後方法是什麼。

當然，如果你正處在一個故事當中，我們大部分人的生活都是如此，你並不知道這到底是不是一個故事，因為你不知道自己涉入有多深，不知道這個故事會如何結束。幸好，我們還可以說開放式結局的故事，如果我們知道自己正巧走到故事的一半，又不知道會如何結束，還能繼續說故事。

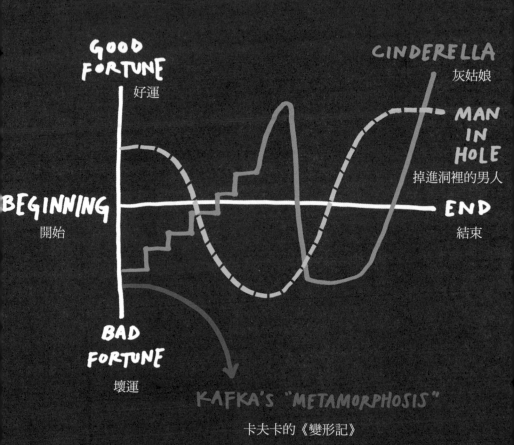

KURT VONNEGUT'S STORY GRAPHS

馮內果的故事圖表

GOOD FORTUNE
好運

CINDERELLA
灰姑娘

MAN IN HOLE
掉進洞裡的男人

BEGINNING
開始

END
結束

BAD FORTUNE
壞運

KAFKA'S "METAMORPHOSIS"
卡夫卡的《變形記》

每一次對客戶報告、每一篇自述、每一封求職信、每一次籌措資金的請求……這些都是「推銷」的方式，都是切掉結尾的故事。一次好的推銷由三個部分組成，第一部分是過去，第二部分是現在，然後第三部分是未來。第一部分是你的過去——你想要什麼、為什麼想要這個東西、到目前為止你做了什麼去爭取；第二部分是你現在的工作、你如何努力工作，用盡自己絕大多數的資源；第三部分是你前進的方向，以及你現在推銷的對象可以如何幫助你達到目標。這就像一本「選擇你的冒險」故事書，這個故事模式可以有效地把你的聽眾變成主角，他可以決定故事如何結束。

GUSTAV FREYTAG'S PYRAMID

古斯塔夫 ・ 弗雷塔格的金字塔

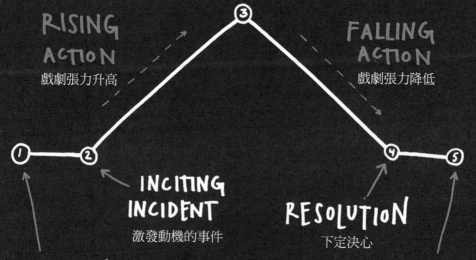

CLIMAX
高潮

RISING ACTION
戲劇張力升高

FALLING ACTION
戲劇張力降低

INCITING INCIDENT
激發動機的事件

RESOLUTION
下定決心

EXPOSITION
故事說明

DENOUEMENT
結局

(A FIVE-ACT STRUCTURE)

（五幕劇結構）

不管你說的是一個結束了或尚未結束的故事，一定要時刻將聽眾記在心裡，用平實的語言直接對他們敘述；珍惜他們的時間，陳述要簡短；學習如何說話、學習如何寫作；使用拼字檢查，如果你寫完文章後不再檢查文法、拼字及標點，你就無法表現真正的自我，而是顯露自己的無知。

每個人都喜歡精采的故事，但不是每個人輕輕鬆鬆就能說出精采的故事。這個技巧需要花一輩子學習，所以要好好研究最棒的故事，然後尋找屬於你的故事。你越常分享你的故事，就能說得越精采。

「你得說出自己的道理來。」

——美國歌手／肯伊・威斯特
（Kanye West）

TALK ABOUT YOURSELF AT PARTIES.

在派對上聊聊自己

我們都遇過這樣的情況：你去參加一場派對，站在一邊啜飲美味的飲料，這時一個陌生人走上前來，介紹她自己，然後問出那個可怕的問題：「那，你是做什麼的？」

如果你剛好是個醫生、老師、律師，或是水管工，那就恭喜你了，你可以毫無顧慮繼續這場談話；對我們其他人來說，我們就得練習一下如何回答。

藝術家的處境是最糟糕的。比方,如果你回答:「我是作家。」下一個問題很有可能就是:「喔,你有出版什麼作品嗎?」這個問題其實是委婉著問:「你有靠這工作賺到錢嗎?」

要克服這些尷尬的情境,方法就是不要把這些問題當作拷問,而是與某人產生連結的機會,只要誠實而謙虛回答,解釋你的工作是什麼。你應該要能夠對一個幼稚園兒童、老人家,以及各個年齡層的人解釋自己的工作。當然,你一定要時刻將聽眾記在心裡:你在酒吧裡跟好朋友解釋工作的方法,不適合拿來跟你媽媽解釋你的工作。

哈囉

我的名字是

你想要為自己說一個精采的故事，但這並不代表你要編造情節。堅持非文學小說路線，陳述事實，而且要懷著尊嚴與自重。如果你是學生，就說自己是學生；如果你是上班族，就說你是上班族。（有好幾年時間，我都會說：「白天我是網頁設計師，晚上我寫詩。」）如果你有一份奇怪的混搭工作，可以說：「我是會畫畫的作家。」這句自我介紹是向漫畫家索爾 · 斯坦伯格（Saul Steinberg）偷學的。如果你沒有工作，就據實以告，並聊一聊你正在找哪一類工作；如果你有工作，但覺得自己的職稱不太好，問問自己為什麼，也許你不適合現在負責的工作內容，又或許這份工作根本不是你應該要做的。（有很多年，我回答「我是作家」的時候感覺不太對勁，因為我其實沒有在寫作。）記得作家喬治 · 歐威爾（George Orwell）所寫的：「自傳只有在揭露不光采的事情時才值得相信。」

對聽眾要有同理心，做好心理準備，聽眾可能會眼神放空，或者會問更多問題，要有耐心、有禮貌地回答。

你開始寫自我介紹的時候也適用以上同樣的原則。自我介紹不是讓你練習發揮創意的時候。我們都喜歡把自己想成很複雜的人，兩句話是說不完的，但其實全世界的人通常只想聽我們解釋兩句就好。只要簡單介紹自己的優點。

刪掉自我介紹中的所有形容詞。如果你的工作是攝影，你不是「懷抱崇高理想的」攝影師，也不是「超棒的」攝影師，你就是攝影師而已。不要裝可愛，不要吹牛，陳述事實就好。

還有一點：除非你真的是忍者、心靈導師，或者搖滾巨星，否則絕對不要在自我介紹裡使用這些詞彙，絕對不要。

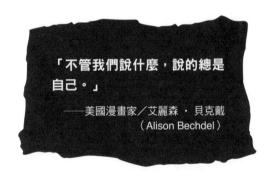

「不管我們說什麼，說的總是自己。」

——美國漫畫家／艾麗森 · 貝克戴
（Alison Bechdel）

⑥ TEACH YOU

WHAT KNOW.

教別人你會的東西

「如果想把你學到的東西藏在心裡不分享給別人，這樣不但可恥，還會有毀滅性的結果。但凡是你不願意敞開心懷、掏心掏肺給予的知識，你終將失去。某天你打開知識的保險箱，只會發現塵土。」

——美國作家／安妮 · 迪拉德（Annie Dillard）

SHARE YOUR TRADE SECRETS.

分享你的商業祕訣

BBQ 烤肉餐車這一行在美國是出了名的保密到家、競爭激烈；所以，去年冬天在德州奧斯汀市，我站在傳說中的法蘭克林 BBQ 烤肉餐車後方，看見烤爐大師兼烤肉巫師亞倫‧法蘭克林（Aaron Franklin）竟然站在一隊攝影小組前，解釋他如何煙燻出他遠近馳名的豬肋排，真是有點出乎我意料之外。我的朋友莎拉‧羅伯森（Sara Robertson）是奧斯汀市地方公共電視台 KLRU 的製作人，她邀請我到《法蘭克林 BBQ 秀》的節目錄製現場參觀，這個節目是一系列以網路募款製作的 YouTube 影片，目的是帶著觀眾一步一步認識 BBQ 烤肉的製作過程。在每一集的節目中，法蘭克林會講解如何調整現有的煙燻爐、如何選擇適合的柴薪、如何生火、

要選擇哪個部位的肉、煙燻肉類適合什麼溫度，以及如何切開煙燻完成的肉。

我從 2010 年起就開始光顧法蘭克林 BBQ 烤肉餐車了，那時候他們把拖車停在 35 號州際公路邊做生意。短短 3 年間，法蘭克林已經成為全球最知名的 BBQ 烤肉團隊之一。（*Bon Appétit* 雜誌稱讚這「是德州最棒的 BBQ 烤肉，甚至可能是美國最棒的。」）每週營業 6 天，無論下雨或是 38 度的豔陽天，街上總是大排長龍，而且每一天烤肉都能賣個精光。如果有哪種生意應該要努力保守商業機密，就是這種了。

拍攝的休息時間中，我有機會可以跟亞倫以及他的妻子史黛西聊一聊，他們解釋道，其實烤肉的技巧很簡單，但是要花上很多年、很多年的工夫才能精通，烤肉要靠一種直覺，只有透過不斷重覆練習才能培養出來。亞倫告訴我，他用同一套方法訓練所有員工，但是他只要拿刀切進一塊牛胸肉，就能說出這塊肉是誰煙燻的。

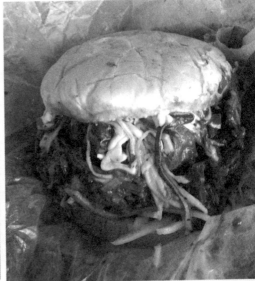

教導方法並不代表馬上就會帶來競爭，就算你知道大師的技巧，不表示你立刻就能迎頭趕上。你可以一次又一次觀看法蘭克林的教學影片，但是要像他這樣每天花 22 小時煙燻肉類，然後 2 小時就賣光，你準備好開始這樣的生活了嗎？大概還沒。如果你是我，你會更開心情願掏出錢來，買 450 公克就要台幣 390 元的烤肉。

同時，法蘭克林的團隊是真心熱愛烤肉，他們樂意分享知識，走出自己的一片天。很多人會過來詢問他們要怎麼自己烤牛胸肉，亞倫總是很大方又有耐心地回答他們的問題。你不會覺得他這麼做是在算計什麼，這就是他們工作的方式，他們也是從初學者開始，所以覺得有義務要將自己所學的知識傳播出去。

當然，還有很多大廚與餐廳靠著分享食譜和烹飪技巧，贏得財富與名聲。傑森・福萊德（Jason Fried）與大衛・漢森

（David Heinemeier Hansson）在他們合著的書《工作大解放》
（*Rework*）中，鼓勵企業應該仿照這些大廚，教導外頭的競
爭對手。「你在做什麼？你的『食譜』是什麼？你有什麼『烹
飪祕訣』？你要告訴世界自己如何運作，有什麼可以分享？
這些資訊豐不豐富、有沒有教育性、有什麼幫助？」他們鼓
勵企業要想出自己的烹飪節目。

想想在你的工作過程中，有什麼能讓你想接觸的觀眾有所收
穫？你學到了什麼工藝技巧嗎？你會用什麼技巧？你擅長使
用某種工具或材料嗎？你的工作能學到什麼知識？

只要你學到了什麼，馬上轉身教給其他人。分享你的閱讀清
單、指點有幫助的參考資料、製作一些教學素材並放上網
路，可以用圖片、文字，以及影片，帶著別人一步一步走
過你工作歷程的一部份。就像部落客凱西 · 席亞拉（Kathy
Sierra）說的：「讓人學好他們想學好的東西。」

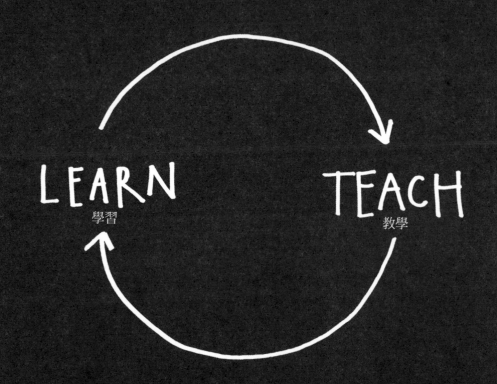

教導別人並不會貶低你工作的價值，反而是增值。你教某人如何做你的工作，其實是讓別人對你的工作更有興趣，大家會覺得與你的工作更親近，因為你讓他們見識到你所知道的東西。

最棒的是，你與別人分享知識和工作的同時，也能學習到東西。作家克里斯多夫・希欽斯（Christopher Hitchens）說過，推出一本書最棒的就是「你能接觸到讀者，這些人的意見是你下次下筆應該仔細考慮的。他們會寫信給你、打電話給你、參加你的書店活動，還會給你一些你早就應該讀過的東西」。他說將作品分享給全世界，就是「終身受用的免費教育」。

⑦ DON'T HUMAN

TURN INTO
SPAM.

別變成人肉垃圾郵件

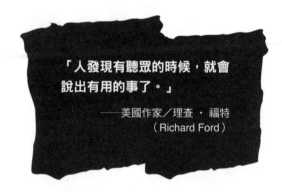

「人發現有聽眾的時候，就會說出有用的事了。」

——美國作家／理查・福特
（Richard Ford）

SHUT UP AND LISTEN.

閉上嘴，聽人講話

我念大學的時候，每一堂創意寫作工作坊的課堂上，總會有某個同學說：「我熱愛寫作，但我不喜歡閱讀。」顯然，你大概可以馬上把那位同學趕出去了。每位作家都知道，如果你想寫作，就得先閱讀。

「寫作圈裡到處是蠢貨，投稿給某間雜誌社，想發表文章，卻連那本雜誌都沒讀過。」作家丹‧喬恩（Dan Chaon）說，「這些人一定會被退稿，那是他們活該；他們哀嚎著說都沒有人願意接受他們的故事，也不用為他們感到難過。」

我把這些人稱作人肉垃圾郵件。他們無所不在,而且各行各業都有他們的蹤影。他們不想先努力付出,而是當下立馬就要得到報酬;他們不想聽你的點子,而是想告訴你他們的點子;他們不想去參觀展覽,卻在人行道上往你手裡塞宣傳單,呼喊著叫你去看他們的秀。你應該同情這些人、同情他們的妄想,有些時候,他們就是不理會人家悄悄遞上來的便條紙:「這個世界不欠任何人任何東西。」

當然,不是無名小卒才會變成人肉垃圾郵件,我看過很多風趣、事業有成的人慢慢變成這樣,這個世界變成只繞著他們和他們的成就打轉,他們找不到時間關心除了自己以外的其他事情。

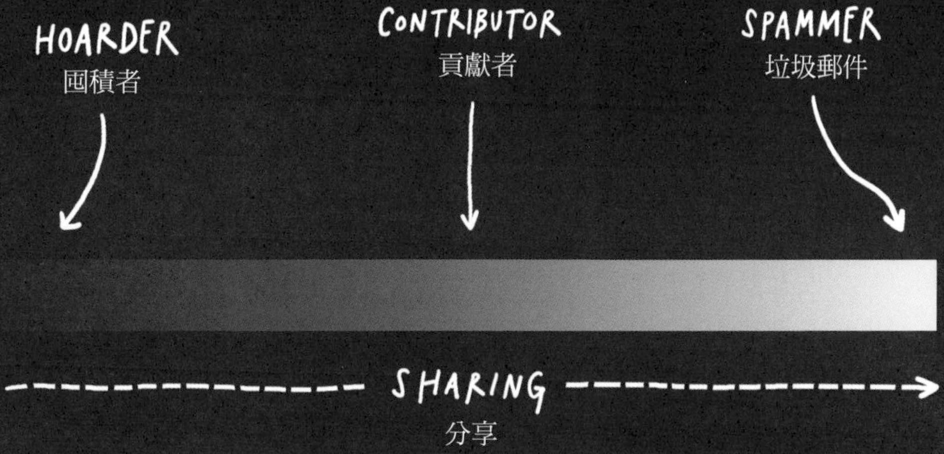
HOARDER
囤積者
CONTRIBUTOR
貢獻者
SPAMMER
垃圾郵件
SHARING
分享

今時今日，有前瞻性的藝術家不管多有名，他們不會只追求粉絲或是被動等著顧客上門，他們會尋找未來有可能合作的對象，或是能夠一起籌備作品的人。這些藝術家很清楚，好的作品不會憑空出現，藝術的經驗一定是雙向道，若是少了回饋便不完整。這些藝術家會在網路上出沒，回答問題，他們會問問有什麼推薦閱讀的好書、跟粉絲聊聊他們喜愛的東西。

知名音樂製作人埃居安・楊（Adrian Younge）某天掛在推特上，發了一則推文：「哪個比較好，表演藝術家（The Dramatics）還是戴方尼克（The Delfonics）？」就在他的追蹤者展開一場激烈的辯論，爭吵著這兩個靈魂樂樂團孰高孰低時，有一位追蹤者提起，戴方尼克的主唱威廉・哈特（William Hart）是他父親的朋友，而哈特正好非常欣賞楊的音樂，這位追蹤者建議兩人應該合作。楊說：「簡單說呢，隔天，我就跟威廉・哈特通上電話了，我們談了大概有兩小時吧……我們實在太投緣了，簡直是冥冥中注定好的。」然後楊便和哈特一起製作了一張全新唱片，名為《埃居安・楊呈獻：戴方尼克》（*Adrian Younge Presents The Delfonics*）。

這個故事之所以精采有兩個原因：第一，這個故事是我唯一知道，有張唱片的誕生可以回溯到一則推文；第二，這個故事展示出，當音樂家把自己放在與粉絲同等的位置上與粉絲互動，會發生什麼事情。

如果你想要粉絲，自己就得先當個粉絲；如果你想讓一個社群接受你，就應該先成為社群中的好公民。如果你只是在網路上點出自己的東西，這個方法是不對的。你必須有所連結。作家布雷克・巴特勒（Blake Butler）稱之為「化身開放的節點」，若想有所得，必先付出；如果你希望別人注意到你，你要先付出注意力。偶爾閉上嘴，聽別人說，認真思考，體察別人的心思。不要變成人肉垃圾郵件，而要成為開放的節點。

「你想要的是追隨他人，也想要他人的追隨，這些人都關心你關心的議題。我們一起完成這件事，這件事關乎我們的心和意志，而非只是吸引眼球而已。」

——美國作家／傑佛瑞・札德曼（Jeffrey Zeldman）

YOU WANT HEARTS, NOT EYEBALLS.

你要人心，不是眼球而已

別再擔心你在網路上的追蹤者有多少，開始擔心這些追蹤者的素質吧。不要浪費時間閱讀那些教你如何吸引更多追蹤者的文章，不要浪費時間在網路上追蹤某個人，只是因為你認為這對你有幫助。不要跟你不想聊天的人聊天，不要談你不想談的東西。

如果你想讓人追蹤你，就要成為值得讓人追蹤的人。據說美國小說家唐納‧巴塞姆（Donald Barthelme）曾經對他一個學生這樣說：「你有沒有試過讓自己變得更有趣一點？」這句話聽起來好像真的很傷人，除非你對「有趣」這個詞的解釋跟作家勞倫斯‧威許勒（Lawrence Weschler）一樣：對他來說，當個「有趣」的人就是懷有好奇心，時時注意週遭，練習「不斷投射出興趣」。說得更明白一點：想當個有趣的人，得先對事物有興趣。

做大家的好伙伴

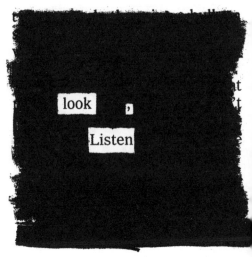

觀看聆聽

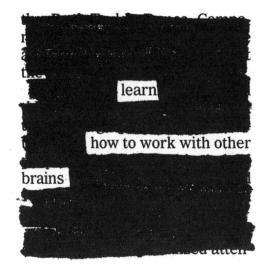

學習與其他聰明人共事

給予 讚美，而且別擋路

其實，說人生最重要的就是「你認識誰」也沒錯，但是你能認識誰，大多還是要仰賴你自己是誰，還有你做了什麼，如果你做得不好，你認識的人也幫不了你。音樂製作人史帝夫‧奧比尼（Steve Albini）說：「人脈沒啥鳥意義，我從來沒有刻意經營人脈，反正我只要做我該做的事情，人脈自然就冒出來了。」奧比尼很惋惜的是，有很多人浪費時間和精力，試圖要建立人脈，而不是精進自己的能力，其實「有所專長是唯一能讓你擁有影響力或人脈的方法」。

做你喜愛的事，談你喜愛的事，你就會吸引喜歡這種事的人。就是這麼簡單。

別鬼鬼祟祟，別惹人厭，別浪費別人的時間，別問太多，還有，永遠、永遠別要求人追蹤你。「你也可以追蹤我嗎？」這是網路上最悲哀的問題了。

THE VAMPIRE TEST

吸血鬼測驗

> 「只要是能讓你興奮的事就應該做；只要是會吸乾你的事就別再做了。」
>
> ——美國青年實業家／德瑞克‧席佛斯（Derek Sivers）

藝術史家約翰・李察森（John Richardson）所著的《畢卡索傳》（*A Life of Picasso*）中有一則有趣的故事：帕布羅・畢卡索有個惡名昭彰的特質，就是他會吸光身邊所有人的精力。他的孫女瑪莉娜說，他會擠壓一個人的精神，就像要把油畫顏料擠出錫管一樣。你和畢卡索相處一整天下來，玩得很開心，可是回到家之後就心神不寧、精疲力盡，而畢卡索則會回到畫室中整晚作畫，揮灑從你身上吸來的精力。

大多數人都會忍受，畢竟他們可以和畢卡索相處一整天，但是來自羅馬尼亞的雕塑藝術家康斯坦丁・布朗庫西（Constantin Brancusi）可不這麼想。布朗庫西的故鄉在喀爾巴阡山脈中，雙眼一看就能看出眼前的是個吸血鬼，他可不想讓畢卡索吸取他的精力，或是壓榨他的精力果實，所以他完全不想和畢卡索扯上什麼關係。

釣到魚後請放生

布朗庫西這套方法就是我所謂的吸血鬼測驗，這個簡單的方法可以讓你知道，你的人生中該歡迎什麼樣的人、又該拒絕什麼樣的人。如果你跟某人相處一段時間後，發現自己疲累又空虛，那個人就是個吸血鬼；如果跟某人相處一段時間後，你仍然充滿精力，那個人就不是吸血鬼。當然，吸血鬼測驗不只適用於人身上，還能應用在生活中許多事情，例如工作、嗜好、地點等等。

吸血鬼不能變回正常人，萬一你發現自己遇到吸血鬼了，學學布朗庫西，永遠把吸血鬼趕出你的人生吧。

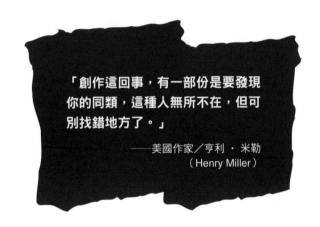

「創作這回事，有一部份是要發現你的同類，這種人無所不在，但可別找錯地方了。」

——美國作家／亨利・米勒
（Henry Miller）

IDENTIFY YOUR FELLOW KNUCKLEBALLERS.

找到你的蝴蝶球夥伴

我最近迷上了棒球投手 R. A. 迪奇（R. A. Dickey），迪奇投的是蝴蝶球，這種球球速很慢、路徑詭異，很難投出什麼一致性。如果投手投出蝴蝶球，球離開手的時候幾乎不會旋轉，棒球縫線會阻擋氣流，形成非常奇怪的路徑。只要投出一顆漂亮的蝴蝶球，對打擊手、捕手，甚至是投球的投手來說，都是一樣難以預測。（聽起來很像創作的過程，對吧？）

蝴蝶球投手基本上就像棒球界的醜小鴨一樣，因為數量真的很少，所以這些人居然建立起了某種兄弟情誼，經常聚會，彼此分享祕訣。迪奇在他的回憶錄《不死的蝴蝶》（*Wherever I Wind Up*）中寫下這個極罕見的情況：「如果是敵隊的投手，不管那傢伙人有多好，都絕對不可能邀我去看他抓起球、投出叉指快速球或是滑球，那可是國家機密。」但是如果是他的蝴蝶球夥伴，情況就不一樣了：「蝴蝶球投手不會藏私，感覺就像我們懷有比自身命運更重要的任務，這個任務就是要傳承下去，讓這種球繼續發光發熱。」

when you pin
your
kind
you get

your team.

當你找到你的同類，
就找到了你的夥伴。

你公開了自己和自己的作品後，就會遇見你的蝴蝶球夥伴，這些人是你真正的同儕，他們和你擁有相同的執念、懷抱類似的任務，你們會相互敬重。這些人數量不多，但是他們非常、非常重要。你要盡其所能經營與這些人的關係；不吝讚美，把他們捧上天去；邀請他們一同創作；將自己的作品公諸於世之前，先秀給他們看；打電話給他們，分享你的祕密；與他們越親近越好。

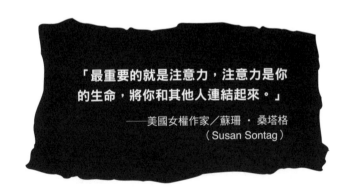

「最重要的就是注意力，注意力是你的生命，將你和其他人連結起來。」

——美國女權作家／蘇珊 · 桑塔格（Susan Sontag）

MEET UP IN MEATSPACE.

與活生生的人見面

「你我會活得比推特久很多，沒有什麼能取代面對面談話。」

——美國喜劇演員／羅伯・狄蘭尼（Rob Delaney）

想到我在這個世界上最喜歡的人當中，有很多居然是透過電腦的 0 和 1 進入我的生活，還真是有點可怕。

我喜歡和網友 IRL 會面（IRL= in real life，在現實中），我們從來就不需要客套，因為已經認識彼此，知道彼此是在做什麼的了。我們可以只是喝點啤酒、咖啡，或是抽根菸什麼的，談談對創作的整體構思。有幾次，我問他們，覺得上網最棒的事情是什麼，他們會指著眼前的桌子說：「就是我們現在在做的事情。」

我超喜歡這種「約出來」的現象，一個網路社群在酒吧或是餐廳舉辦聚會，邀請大家在某個時間地點出現。德州奧斯汀市有很多這樣的聚會，我相信在你住的地方一定也很多。（如果沒有的話，自己辦一場吧！）這些聚會上少了很多讓人備感壓力的傳統社交形式，因為出席的人當中，有很多你已經認識了，也看過他們的作品。

當然，聚會不一定要有一大群人才可以。如果你在網路上跟某個人來往了一陣子，而且你們住在同個鎮上，問問他們想不想出來喝杯咖啡；如果你想更正式一點，提議請他們吃午餐。如果你要出門旅行，讓網友知道你會去他們所在的城市，我喜歡請我的藝術家朋友帶我去他們最喜歡的美術館，然後請作家朋友帶我去他們最喜歡的書店。如果我們不想聊天了，就四處瀏覽看看；如果不想看了，就到咖啡館去喝杯咖啡。

在網路上認識朋友很讚，但是把他們變成現實生活中的朋友更讚。

⑧ LEARN

TAKE A

TO
PUNCH.

學著挨打

「我不會放棄，每次你以為我在這裡，我就會出現在別的地方。我超越了仇恨，用盡全力出手吧。」

——美國創作歌手／辛蒂・露波（Cyndi Lauper）

LET 'EM TAKE THEIR BEST SHOT.

讓他們用盡全力出手

設計師麥克・蒙泰羅（Mike Monteiro）說，他在藝術學校裡學到最有價值的技巧，就是學會如何挨打。他和班上的同學在評論彼此的作品時，真的變得很殘酷：「我們基本上就是在看有沒有辦法逼對方休學。」這些惡毒的評論，讓他學會不要將評論放在心上。

你把作品公諸於世的那一刻，必須做好準備，迎接好的、壞的，以及真的很難聽的評論。越多人看見你的作品，你要面對的評論就越多。這裡教你如何挨打：

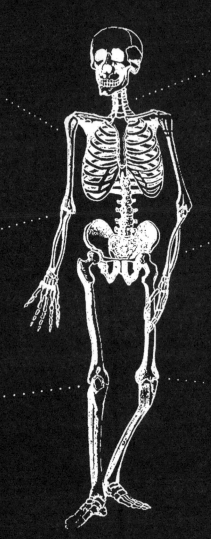

BREATHE
呼吸

STRENGTHEN
YOUR
NECK
挺直頸子

RELAX
放鬆

PROTECT
YOUR
VULNERABLE
AREAS
保護脆弱部位

KEEP
YOUR
BALANCE
保持平衡

ROLL
WITH THE
PUNCHES
挨打之後
滾一圈

放輕鬆，深呼吸。想像力豐富的人有個麻煩的地方，就是我們很擅長想像自己會遇到最糟的情況。恐懼常常只是想像力拐錯了彎，負評也不代表世界末日，就我所知，從來沒有人因為一條負評而死。深呼吸，不管是什麼評論都要接受。（考慮一下練習冥想吧，對我很有用。）

挺直頸子。要能夠挨打，就要先練習承受很多次打擊。公布很多作品，讓人火力全開、盡量批評，然後再創作更多作品，不斷秀出新作品。你得到的評論越多，你就越能體會，評論傷不了你。

挨打之後滾一圈。不斷前進。每一則評論都是創作新作品的機會。你無法控制自己會收到哪種評論，但是你可以控制自己對評論的反應。有時候，別人討厭你作品中的某樣東西，你就越是要凸顯這項元素，做出他們會更討厭的東西，感覺非常好玩。能讓某些人討厭你的作品，就像戴上榮譽勳章。

保護脆弱部位。如果你有些作品比較敏感，或是會透露太多你的內心，你不希望攤開來接受評論，那就藏起來吧。但是要記得作家柯林 · 馬歇爾（Colin Marshall）說的話：「刻意要避免羞辱是一種自殺行為。」如果你一輩子都在避免受辱，你和你的作品永遠都無法真正與他人連結。

保持平衡。你必須記住，你的作品是你在做的東西，不代表你自己。這對藝術家來說，特別難接受，因為他們做的東西很多都跟自己有關。跟親友保持親密的關係，親近那些真正愛你這個人，而不只是愛你的作品的人。

「祕訣就在別管大家是怎麼看你的，只要在乎那些對的人是怎麼看你。」

——驚奇漫畫家（Marvel Comics）／
布萊恩・麥可・班迪斯（Brian Michael Bendis）

DON'T FEED THE TROLLS.

請勿餵食山怪

檢視回饋時的第一步是先評估來源，你需要的回饋應該來自於關心你和你的作品的人，若是看到來自圈外人的回饋，就要特別小心了。

山怪是指一個人根本不想幫助你改良作品，只會用些惹人厭、激進，或讓人不舒服的言論挑釁你。跟這些人交手對你一點好處也沒有。別餵食他們，他們通常就會走人了。

山怪可能憑空出現，或是出現在意想不到的地方。在我兒子出生後不久，有個女人（如果不是我的粉絲，可能就是推特的追蹤者）登入推特，發給我七、八則推文，說她知道我的書《點子都是偷來的》絕對是某個沒有小孩的人寫的：「你等著瞧吧，先生。」然後她開始從書中截取段落，後面加上一句短短的評論，像是：「哈！你半夜三點小孩哭鬧的時候，試試看有沒有辦法這樣！」

其實呢，我在網路上已經很長一段時間了，收到許多電子郵件，我只能說這些寄件人都很悲哀、過分，或是根本就瘋了。我築起了一道相當穩固的心靈防火牆，能夠過濾，只接收我想接收的東西。

但是這個女人惹到我了。

原因當然就是，最可怕的山怪是那種會住進你腦袋裡的，那個聲音會告訴你：你不夠好，你爛透了，你永遠成就不了大事。那個聲音告訴我：我成為父親之後就再也寫不出好東西了。讓山怪住在你腦子裡是一回事，讓一個陌生人拿著擴音器對準我的耳朵大吼，那又是另一回事了。

comments outnumber ideas.

評論
多過
點子

你有山怪的問題嗎？利用社群媒體網站上的「封鎖」功能，刪掉難聽的評論。我太太很喜歡說：「如果有人跑來你家客廳大便，你不會讓那玩意兒就這樣放著吧？」難聽的評論也是一樣，你就應該把這種東西掃起來丟進垃圾桶。

到了某個時候，你或許會考慮乾脆關掉評論功能。提供一個評論的形式，就等於是邀請別人留下評論。漫畫家納塔莉‧迪（Natalie Dee）說：「畫廊裡的畫作底下不會留一塊空間，讓人寫下自己的意見；你寫完一本書之後，也不用看其他人對你的書有何想法。」讓別人直接與你聯繫，或是讓他們擷取你書中的段落，貼到自己的空間，任他們去講自己想說的。

(9) SELL

OUT.

賣出／出賣

「賣出……我不是很迷這個詞。我們都是企業家，對我來說，我不管你是開傢俱店還是什麼的，你能掛上最棒的招牌就是『已賣出』。」

——美國歌手／比爾‧衛勒斯（Bill Withers）

EVEN THE RENAISSANCE HAD TO BE FUNDED.

文藝復興的藝術也需要金主

人都是要吃飯、付房租的。美國藝術家班 · 尚恩（Ben Shahn）說：「業餘藝術家就是用外頭的工作來養活自己，好讓他繼續畫畫；專職藝術家則是讓太太去工作，好讓他繼續畫畫。」不管藝術家能不能用自己的作品賺錢，總是要想辦法找財源，不管是白天的工作、有錢的配偶、信託基金、藝術獎助金，或是贊助者。

賣光了

我們都必須拋開對「藝術家總是餓著肚子」的浪漫迷思，別再認為碰到錢一定會汙染創造力。有些最具意義、我們最珍視的文化藝術作品，都是為了金錢而作：例如米開朗基羅為西斯汀教堂繪製天花板，便是受教宗委託聘用；作家馬里歐・普佐（Mario Puzzo）為了賺錢才寫了電影《教父》的劇本，他當時 45 歲了，不想再繼續當藝術家，揹了 2 萬美金的債務，債主包括親戚、銀行、著作人，還有高利貸等等。披頭四的保羅・麥卡尼說過，曾經有一次披頭四成員坐下來準備寫新歌的時候，他和約翰・藍儂說：「好，今天來寫首歌，賺錢蓋游泳池吧。」

大家都說希望藝術家能賺錢，可是當藝術家賺了錢，大家又討厭他們。我們心中最愛挖苦、最小心眼的那個部分，會咬牙切齒吐出「叛徒」這個詞。不要當那種糟糕的粉絲，最喜歡的樂團發行了一張暢銷單曲，就不再聽他們的音樂了；不要在朋友有了一點小成就之後就離棄他們；不要因為你喜歡的人過得很好就心生嫉妒——應該把他們的成功當成自己的一般慶祝。

PASS AROUND THE HAT.

傳帽子收費

「我很想把票賣光光，只是
沒有人想買。」

——美國導演／約翰‧華特斯
（John Waters）

當你免費分享的作品開始吸引觀眾聚集的時候，最後你或許會想進一步把觀眾變成贊助者。最簡單的方法就是直接請求贊助：在網站上放一個小小的虛擬小費箱，或是一個「贊助」的按鍵，這些連結如果加上一點個人化的包裝，效果更好，例如：「喜歡嗎？幫我買杯咖啡吧。」這是非常簡單的交易，就跟樂團表演時，在觀眾之間傳帽子一樣——如果觀眾喜歡你的東西，就會丟幾塊錢贊助你。

如果你有作品的構想，希望能在完成前先募集資金，像是Kickstarter 和 Indiegogo 這類平台，讓你能夠輕鬆舉辦資金募集的活動，同時贊助者也能依贊助程度高低獲得報酬。要注意的重點是，如果你已經吸引了一群喜歡你作品的人，這些平台就能發揮最大效果。音樂家亞曼達 · 帕莫（Amanda Palmer）就把她的觀眾變成了贊助者，而且空前成功。她先是秀出自己的作品，免費分享音樂，然後與粉絲培養感情，接著就請歌迷贊助 10 萬美金，幫她錄製下一張專輯，結果她募得超過 100 萬美金。

當然，網路募款也是有條件的，當觀眾成為贊助者，他們覺得自己應該可以對於他們資金如何運用發表意見，這說來也不算錯。我的商業模式至今還是比較傳統，一部份也是這個緣故：我先做出作品，然後才賣了賺錢。我的網站上沒有「贊助」的按鍵，但是有「現在就買」和「雇用我」的按鍵。不過雖然我的經營行銷模式比較傳統，我還是會用一些和網路募款相同的技巧：我盡量將創作過程公開，跟觀眾產生連結，然後請他們購買我正在販售的作品來支持我。

請付我錢

如果你販賣自己喜愛的作品，要注意，要求人們掏出皮夾付錢時，你才會發現他們究竟認為你的作品價值多少。我的朋友約翰・盎格（John T. Unger）告訴我一個超棒的故事，那是他還在當街頭詩人的時候，他讀了一首詩，後來就有個人過來跟他說：「老兄，你的詩改變了我的人生！」約翰說：「喔，謝謝。要買本書嗎？一本 5 塊美金。」那個人接過書，又把書還給約翰說：「不用了，沒關係。」約翰這時回答：「天哪，你的人生是值多少錢啊？」

不管你要求的是贊助、網路募款，或是販售你的作品或服務，都是用作品來換取金錢報酬，只有在你相信自己公開的作品確實有價值的時候，才能跨出這一步。不要害怕為作品訂出價格，但是要訂出你認為合理的價格。

KEEP A MAILING LIST.

建立郵寄清單

就算你目前沒有任何東西要賣，你也應該持續收集別人的電子郵件，這些人看過你的作品，會想要保持聯繫。為什麼是電子郵件？你會注意到科技有種模式──通常最無聊、最功利的科技能存活最久。電子郵件已經有幾十年歷史了，看起來還能存活很久。雖然幾乎人人討厭，但大家都會有電子郵件，而且不像網路摘要 RSS 和社群網站的訊息，如果你寄一封電子郵件給別人，信件會送進他的收件匣，他就會注意到。他或許不會打開信件，但一定還是得花力氣把信刪除。

我知道有人利用郵寄清單就能經營起幾百萬的生意。這個模式很簡單：他們在網站上贈送很棒的禮物，藉此收集電子郵件，然後等到他們有很棒的產品要分享或銷售時，就寄出通知郵件。你會很驚訝，這樣的模式運作有多順暢。

建立你自己的清單，或是在 MailChimp 這樣的電子郵務通訊公司註冊一個帳號，在你的網站每一頁都放上小小的「登記郵件」工具，寫一些個人化的文案，鼓勵別人來登記，寫清楚他們可能會收到什麼，郵件是每天、每月，還是不定時發送。**絕對不要未經對方同意就將對方的電子郵件加入你的清單中。**

自動登記郵件的人會成為你最大的支持者，原因很簡單，他們登記就是希望有機會收到你經常發送的廣告。不要背叛他們的信任，不要濫用自己的幸運。建立起你的郵件清單，帶著崇敬的心，這份清單會發揮作用。

我的生意
就是藝術

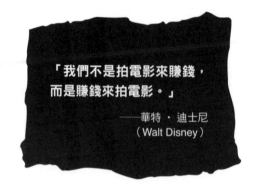

「我們不是拍電影來賺錢，
而是賺錢來拍電影。」

──華特‧迪士尼
（Walt Disney）

MAKE MORE WORK FOR YOURSELF.

為自己多創作一點

有些討厭鬼會把「叛徒」這個標籤貼在任何勇於懷抱野心的藝術家身上。如果你想離開家鄉出人頭地,他們罵你是叛徒;如果你買了更好的設備,他們罵你是叛徒;如果你想嘗試新東西,他們罵你是叛徒。

作家戴夫‧艾格司(Dave Eggers)寫道:「人的一生中會有某個時刻,想要賣出作品,而不會變成出賣作品的叛徒;幸好,對某些人來說,這些都會過去。」艾格司說,真正重要的是要做出好作品,好好利用眼前的每個機會。「我真的很喜歡說『好』,我喜歡新東西、新案子、新計畫,把人聚集起來做些什麼,嘗試什麼東西,即使那東西很俗氣或是很愚蠢,我還是想試。」有些人大喊著:「叛徒!」他們都是會大聲說「不」的人,他們不希望事情有任何改變。

但是創意的生活就是要改變——向前邁進、冒個險、探索新的領域,「真正的風險在於不求改變,」薩克斯風樂手約翰‧寇傳(John Coltrane)說:「我必須感覺到自己在追求著什麼,如果我賺了錢,很好,但重點在於奮鬥。啊,奮鬥,那才是我想要的。」

積極向上、保持忙碌、思慮遠大、擴展群眾,不要用「腳踏實地」或「不做叛徒」這兩條繩子綁住自己的腳。嘗試新的東西,如果遇到機會,讓你可以去做比你想做的還要更多,就說「好」吧;如果遇到機會,讓你可以賺更多的錢,卻無法讓你做更多想做的事,就說「不」。

「藝術中沒有苦難。所有藝術都是關於接受，所有藝術都是關於創作過程。」

——美國畫家／約翰・庫靈（John Currin）

PAY IT FORWARD.

把愛傳出去

你成功之後要做一件很重要的事,就是運用你所有的資金、
影響力,或是平台,幫助那些一路上幫助你走到今日地位的
人。讚揚你的老師、啟蒙恩師、英雄偶像、影響你的人、同
儕,以及粉絲,給他們機會秀出自己的作品,將機會丟給他
們。

但是我先提出警告：身為人類，你的時間和注意力都是有限的，到了某個時刻，你就得從常常說「好」轉為常常說「不」。作家尼爾・蓋曼（Neil Gaiman）說：「成功最大的問題就是，整個世界都會算計著不讓你做你的事，因為你已經成功了。有一天我抬起頭來，發現我的生活已經變成回覆郵件是專業，而寫作是嗜好。於是我開始減少回覆郵件量，然後又能多寫一點東西了，感覺真是鬆了一口氣。」

我發現自己現在處於奇怪的境況，我收到的郵件多到回覆不完，卻還是要做一切我必須做的工作。我想了個方法，克服不回信的罪惡感，那就是設定「上班時間」，每個月會有一次，我開放自己的時間，這樣大家都能在我的網站上問我任何問題，而我會努力回覆深思熟慮後的答案，然後發表在網站上，大家都能看見。

你只要盡量表現大方，但也要自私一點，至少讓你能完成工作。

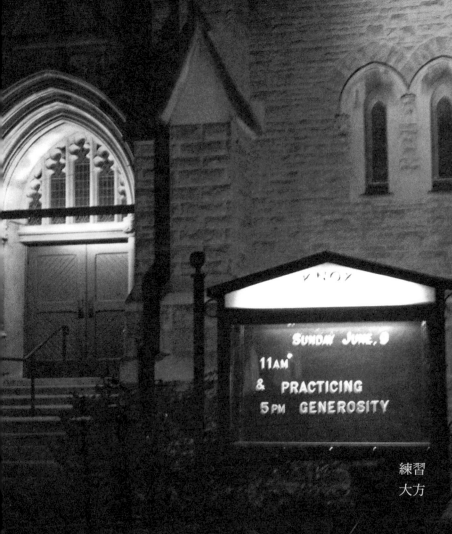

KNOX

SUNDAY JUNE. 9

11AM
& PRACTICING
5PM GENEROSITY

練習
大方

「最重要的是，要知道如果你成功了，代表你也擁有好運──伴隨好運而來的是責任，你有虧欠，不只是虧欠你的神，還虧欠那些不幸的人。」

──美國報導文學作家／麥可‧路易士
（Michael Lewis）

⑩ STICK

AROUND.

堅持下去

DON'T QUIT YOUR SHOW.

別放棄你的秀

不管待在哪一行，都會起起落落，而就像故事情節一樣，你處在人生與工作之中，不知道現在是起、是落，不知道接下來會發生什麼。美國老牌演員奧森・威爾斯（Orson Welles）曾這麼寫：「如果你想要有快樂的結局，當然就要看你在哪裡結束故事。」《大亨小傳》的作者費茲傑羅（F. S. Fitzgerald）寫道：「美國的生活沒有第二幕。」但若是你看看四周，就會發現我們不但有第二幕，而且有第三、第四，甚至第五幕。（如果你每天早上都會讀訃聞，你現在應該知道了。）

有些人能夠得到自己追求的東西，經常都只是因為他們撐得夠久。不要太早放棄是非常重要的事。美國喜劇演員戴夫‧查佩爾（Dave Chappelle）不久前在達拉斯演出一場單人秀，一開場他開起玩笑，談他放棄和中央喜劇電視台（Comedy Central）簽約，繼續演出他的《查佩爾單人秀》，然後有一所高中邀請他去演講，給學生一點建議，他說：「我想，不管你要做什麼，別放棄你的秀。孩子，沒有秀，人生是黑白的啊。」

喜劇演員瓊安‧瑞佛斯（Joan Rivers）也說：「在我們這一行，你不能放棄。就像巴在梯子上一樣，他們切斷你的手掌，就用手肘抓著；他們切斷你整隻手，就用牙齒咬著。你不能放棄，因為你不知道下一場工作要從哪裡來。」

「你永遠不會完成創作，
只有放棄而已。」
——法國詩人／保羅‧瓦勒里
（Paul Valéry）

Just keep going.

繼續走就對了。

你無法計畫任何事，只能做你該做的工作，就像作家伊莎 ‧ 丹尼森（Isak Dinesen）所寫的：「每一天，不抱希望也不抱絕望。」你無法指望成功，只能保留一點可能性，然後隨時準備好，當成功迎面而來，就要跳上成功的列車。

有一次，我跟同事約翰 ‧ 克洛斯林（John Croslin）出去吃午餐，回來之後發現辦公室大樓的停車場全停滿了。我們和其他幾台車繞著爆滿的停車場開了好幾圈，感覺就像開了一輩子，就在我們準備要放棄時，突然空出一個位子，約翰就馬上停了進去。他關上車門的時候說：「沒到九局下半還不能放棄啊，老兄。」這建議真好，適用於停車場，也適用於人生。

CHAIN-SMOKE.

連鎖菸

幾年前，在超棒電視台（Bravo）有一個實境節目叫《藝術傑作》（*Work of Art*），每個禮拜，藝術家都要互相競爭，贏得現金以及在美術館舉辦個展的機會。如果你贏得當週的挑戰，就能獲得下一輪的豁免權，主持人會說類似這樣的話：「恭喜你，奧斯汀，你做出了傑作，你有下一輪的豁免權。」

如果現實生活也像「實境節目」就好了！每位作家都知道，你上一本書不會幫你寫好下一本書；成功或失敗的計畫也不代表下一次的成功或失敗。不管你剛剛贏得大獎，或是輸得一敗塗地，你還是得面對這個問題：「接下來要做什麼？」

如果你仔細觀察那些能夠終身創作的藝術家，你就能發現相同的模式：不管是成功或失敗，他們都能夠堅持不懈。導演伍迪・艾倫（Woody Allen）40多年來平均每年都有一部電影問世，因為他從不休息，他剪輯完一部電影的當天就會開始寫下一部電影劇本。搖滾歌手包柏・波拉德（Bob Pollard）是聲導樂團（Guided by Voice）的主唱及作曲人，他說他從來沒遇過寫作瓶頸，因為他從不停止創作。作家海明威在一天寫作結束時，會斷在一個句子中間，這樣明天早上他就知道從哪裡開始。歌手瓊妮・米契爾（Joni Mitchell）說她在上一次音樂計畫中覺得比較弱的部分，就是她下一次計畫的靈感來源。

綜合這些例子，你會得出一個工作模式，我稱之為連鎖菸，要避免工作陷入泥淖，方法就是永遠不要失去動力。你可以這麼做：在剛完成的工作計畫與新計畫之間，不要休息，不要等著觀眾的回饋，然後擔心接下來要做什麼，而是用剛剛完成的計畫尾來點燃新的計畫。只要做你眼前的工作，完成時，問問自己還漏了什麼？有什麼可以做得更好？或是有什麼你還沒做到？然後直接跳到下一個新計畫。

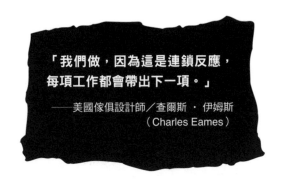

「我們做，因為這是連鎖反應，
每項工作都會帶出下一項。」
──美國傢俱設計師／查爾斯 · 伊姆斯
（Charles Eames）

GO AWAY SO YOU CAN COME BACK.

離開是為了回來

「你停止渴求的那一刻，就能得到。」

——美國視覺藝術家／安迪・沃荷（Andy Warhol）

連鎖菸是繼續前進的絕佳方法，但總有某個時候，菸會燒完，你就得去找根火柴。最適合尋找火柴的時間就是安息日時間。

平面設計師施德明（Stefan Sagmeister）就非常相信安息日的力量。每隔七年，他會關閉工作室，休上一年的假，他的想法是我們人生花了大概 25 年在學習，接下來 40 年工作，最後 15 年則是退休生活，那麼何不挪用 5 年的退休時間，用來隔開工作的時間呢？他說結果證明，安息日假期對他的工作有極大的價值：「第一次安息日假期之後，接下來七年我們設計的東西都根源於假期時的想法。」

我也體驗過這種現象。大學畢業後的前兩年，我在圖書館找到一份工作量不大的兼職工作，整天就是讀書、寫作、畫圖。我認為我已經好好利用那段時間的許多想法了，因為我後來把那些想法都付諸實行。現在我差不多要面臨七年之癢了，我發現自己需要一段時間充電，再找些東西激發靈感。

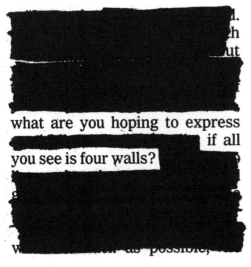

what are you hoping to express
if all
you see is four walls?

如果所見只有四堵牆，
你希望能表達什麼？

flee

the

office

逃離辦公室

to pick up a signal

cut off mobile
service

接收訊號
切斷手機收訊

don't die

simply
disappear

A while

不用死
只要消失一陣子

當然，安息日假期並不是不用準備就可以執行的。施德明說他第一次的安息日假期花了兩年籌備、計算花費，他的客戶都是整整一年前就收到通知了。而現實是，我們大部分的人沒辦法有這種彈性，可以離開工作一整年。幸好，我們還是可以休實際的安息日———一天、一週，或是一個月的假期，我們可以完全抽離工作。作家吉娜・崔帕尼（Gina Trapani）就提出了三個重要關鍵，讓我們的大腦休息，暫時離開充滿連結的生活。

- **通勤。**移動的火車或是捷運列車是很棒的地方，可以寫作、畫圖、閱讀，或者只要盯著窗外看就好。（如果你是開車上下班，有聲書是個抽離自我的絕佳妙方。）搭車通勤一天有兩次，恰好可以分隔我們的工作與家庭生活。

· **運動**。利用肢體來放鬆心靈，只要心靈放鬆了，就能開放接收新的想法。踏上跑步機，任由心思漫遊。如果你跟我一樣討厭運動，就養隻狗吧，小狗連一天都不會讓你休息。

· **大自然**。到公園去，郊遊踏青，或是在花園裡做園藝。走到戶外享受新鮮空氣，切開與一切事物和電子產品的連結。

把你的工作和生活的其他部分隔開來非常重要，就像我太太對我說的：「如果你永遠不去上班，你就永遠不能下班。」

「每隔兩、三年，我就會休息一陣子。
這樣一來，我經常都會是妓院裡新來的
姑娘。」

——美國演員／勞勃・米契
（Robert Mitchum）

~~START OVER~~
BEGIN AGAIN.

~~從頭再來~~
重新開始

「每次畢卡索學會了怎麼做好一件
事,他就不管那件事了。」

──美國平面設計師／米爾頓・葛雷瑟
（Milton Glaser）

如果你覺得你已經學到了這一行所有應該學的東西，是時候要改變跑道，找新的東西來學，這樣你才能繼續前進。不能因為精通了某項技藝就自滿，你必須鞭策自己再回到學生的身分。作家艾倫・狄波頓（Alain de Botton）說：「無論是誰，在回首去年時，如果不會覺得尷尬，大概是因為學習的東西還不夠多。」

喜劇演員路易 CK（Louis C. K.）十五年來都只準備同樣時間份量的內容，後來他發現自己的偶像喬治・卡林（George Carlin）每年都會把手上的材料丟掉，重新準備一份新的。CK 本來不敢學喬治的做法，但是他試過一次之後，整個人如釋重負：「如果你已經懶得再講飛機和小狗的笑話，就把這些題材丟了，然後你還有什麼呢？你只能再深入一點。你會開始談自己的感受，談論自己本身，然後你用這些當笑話題材，講完了就丟掉。你得再深入一點。」在你已經厭倦舊材料的時候，繼續鞭策自己，想出更好的東西。在你丟掉舊作品的時候，其實你在做的是挪出空位給新作品。

nder as ju-   cally hitting a forehand with the

on

to

the next

pipe dream,

reasons for   with one hand when it's up above

再做一個白日夢

你得拿出勇氣，丟掉自己的作品，完全重新思考。「我必須像是要拆掉我所做過的一切一樣，從頭再建立新的東西。」導演史蒂芬・索德柏（Steven Soderbergh）說起他即將退休，不再拍電影，「不是因為我想通了一切，我只是想通了本來沒想通的，然後必須將現有的拆掉，從頭來過。」

重點是，你絕對不會是真的從頭來過，你不會失去所有之前的作品。就算你想要把舊作扔在一旁，你已經學習到的經驗也會滲入下一件作品。

所以，不要視之為從頭來過，而是當成重新開始，回到第一章，真的！成為業餘的愛好者，尋找新的事物來學習，找到之後，全心投入學習，公開學習過程，記錄下你的進度，並且一路分享，讓其他人也能跟著你一起學習。分享你的點子，如果出現了對的人，一定要密切注意他們，因為他們會有很多東西能分享給你。

WHAT NOW?

現在呢？

□ GO ONLINE AND POST WHAT YOU'RE WORKING ON RIGHT NOW WITH THE TAG #SHOWYOURWORK.

□ 上網分享你現在正在進行的工作，並標上標籤 #ShowYourWork

□ PLAN A "SHOW YOUR WORK!" NIGHT WITH COLLEAGUES OR FRIENDS. USE THIS BOOK AS A GUIDE — SHARE WORKS-IN-PROGRESS AND YOUR CURIOSITIES, TELL STORIES, AND TEACH ONE ANOTHER.

□ 策劃一場「分享好點子！」的派對，邀請同事或朋友參加。用這本書當作指導手冊，分享正在進行的工作、你收藏的奇珍異品，或是說有趣的故事，互相教導彼此新東西。

□ GIVE A COPY OF THIS BOOK AWAY TO SOMEBODY WHO NEEDS TO READ IT.

□ 把這本書送給需要讀這本書的人。

"BOOKS ARE MADE OUT OF BOOKS."

― CORMAC MᶜCARTHY

「書都是用書本堆成的。」

――美國作家
戈馬克 · 麥卡錫

- BRIAN ENO, A YEAR WITH SWOLLEN APPENDICES
- STEVEN JOHNSON, WHERE GOOD IDEAS COME FROM
  《創意從何而來》
- DAVID BYRNE, HOW MUSIC WORKS
- MIKE MONTEIRO, DESIGN IS A JOB
- KIO STARK, DON'T GO BACK TO SCHOOL
- IAN SVENONIUS, SUPERNATURAL STRATEGIES FOR MAKING A ROCK 'N' ROLL GROUP
- SIDNEY LUMET, MAKING MOVIES
- P. T. BARNUM, THE ART OF MONEY GETTING

編按：此頁列出的參考書目中，沒有加上中文書名的即表示
未出版繁體中文版，僅保留原文供讀者參考。

Y.M.M.V.

(YOUR MILEAGE MAY VARY!)

個人見解各有不同

SOME ADVICE CAN BE A VICE.

FEEL FREE TO TAKE WHAT YOU CAN USE,
AND LEAVE THE REST.

THERE ARE NO RULES.

I SHOW MY WORK AT:
WWW. AUSTINKLEON.COM

有些建議可能有害。
隨意取用對你有用處的東西，
剩下的就留著。
沒有規則。
我在這裡分享我的點子
www.AUSTINKLEON.com

OUR OBITUARIES ARE WRITTEN BEFORE WE'RE DEAD.

BIG ART GETS SMALL, SMALL ART GETS BIG.

INVENT ANOTHER YOU — THEN YOU CAN BLAME HIM.

FIRST, BE USEFUL, THEN NECESSARY.

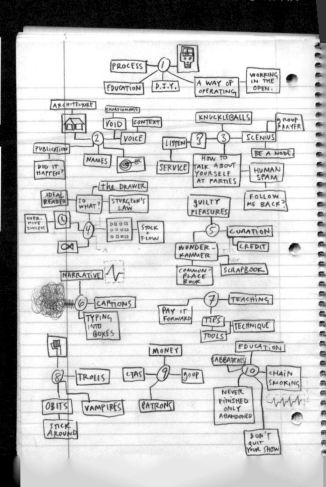

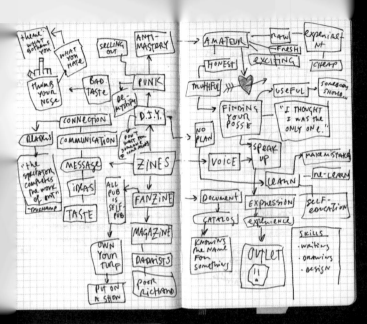

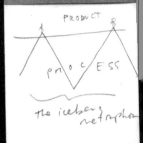

YOU FIND YOUR VOICE BY JOINING THE CHOIR.

FORGET THE BIG IDEA

LOTS of LITTLE IDEAS.

"I'VE NEVER PLANNED ANYTHING. I HAVEN'T HAD ANY CAREER AT ALL. I ONLY HAVE A LIFE."
— WERNER HERZOG

Ⓐ PUBLIC FILING CABINET.

HIDE + SEEK

THE BEST THING TO DO IS
CLICK PUBLISH AND WALK AWAY.
CLOSE THE LAPTOP AND GO BACK
TO WORK. IN THE MORNING, YOU
CAN RETURN, LIKE A ~~TRAPPER~~ HUNTER
CHECKING HIS TRAPS, TO SEE IF
ANYBODY HAS TAKEN THE BAIT.

25

THE DRAWER

HUMANS DREAM OF TIME-TRAVEL
WHEN IT'S ACTUALLY AT OUR FINGER-
TIPS.

A DRAWER IS A KIND OF TIME
MACHINE. WHEN YOU'VE FINISHED
A PIECE OF WORK, YOU DON'T
KNOW RIGHT AWAY IF IT'S ANY
GOOD, BECAUSE YOU'RE TOO CLOSE TO
IT. IT'S TOO FAMILIAR. YOU MUST BECOME AN EDITOR,
WHEN YOU'RE STILL the CREATOR.

YOU MUST, SOMEHOW ESTRANGE
YOURSELF FROM WHAT YOU'VE MADE.
THE EASIEST WAY TO DO THIS IS
TO PUT IT AWAY AND FORGET ABOUT IT.

How TO TALK ABOUT
YOURSELF AT PARTIES

"JUST BE YOURSELF" IS TERRIFIC
ADVICE IF, UNLIKE ME, YOU
HAPPEN TO BE NATURALLY GIFTED
AND PLEASANT TO BE AROUND.

CATCHING EYEBALLS IS EASY, BUT GRABBING
HEARTS IS HARD.
LOOK AT THE NUMBERS,
BUT BE BRAVE ENOUGH TO
IT'S OKAY TO LET
IGNORE THEM. RESPONSES
TO YOUR WORK PUSH IT IN
DIFFERENT DIRECTIONS, BUT IT HELPS
ALWAYS KEEP AN EYE ON YOUR
TO AN INTERNAL COMPASS, SO
YOU DON'T GET LOST IN the WOODS.

NORTH STAR

THE GULP (SEP 2 7 2012)

THERE'S A PERIOD OF TIME,
ACCORDING TO JONATHAN
LETHEM. A PLACE AFTER
YOU'VE FINISHED SOMETHING
AND BEFORE YOU'VE PUBLISHED
IT, IN WHICH IT NO LONGER
BELONGS TO YOU, BUT IT
DOESN'T BELONG TO THE AUDIENG
YET, EITHER. HE CALLS THIS
"THE GULP." IT'S AN UNSETTLING
PLACE

WHAT IF WE GIVE IT AWAY?

EVERY LITTLE PIECE OF
YOURSELF ONLINE IS A POTENTIAL
RABBIT HOLE FOR SOMEBODY
TO STUMBLE DOWN....

HORCRUX?

→ MOST ART WE LOVE ~~@#$%~~
HAS THE EXACT QUALITIES
WE'RE AFRAID OF REVEALING
~~@~~ IN OUR OWN WORK:
IMPERFECTION, VULNER
IT'S UNPOLISHED, VULNERABLE,
POTENTIALLY EMBARRASING,
EASILY COPIED, ETC.

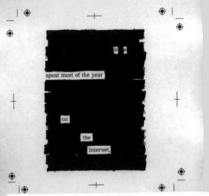

spent most of the year

on

the
Internet,

NO ONE CURRENTLY LIKES THIS.

YOUR DUMBEST IDEA COULD BE
THE ONE THAT TAKES OFF:

MANY OF THE MOST POPULAR THINGS
I'VE POSTED ONLINE STARTED AS
STUPID IDEAS.

~~THIS~~ IS THE ~~WAR~~ THING ABOUT
THE DRAW~~ING~~ — S~~OME~~TIMES YOU
EDIT TOO MUCH ~~OUT~~ SOMETHING
B/C YOU'RE ~~AF~~RAID OF IT ~~SEEME~~D.
WILLINGNESS TO LOOK STUPID...

NOT-KNOWING IS THE ENGINE
THAT CREATIVITY RUNS ON.
SOME OF MY BEST IDEAS AT THE
BEGINNING, I LITERALLY CAN'T
TELL IF THEY'RE SLIGHT OR PROFOUND

work on a book

become tiresome

寫一本書
讓人厭倦

註解 & 圖片出處

1. 你不必是天才

我在美國舊金山金門公園附近的藝術科學學院外，拍下貝多芬像的照片。這尊半身像是雕刻家亨利 · 北爾（Henry Baerer）作品的複製品，原作放在紐約中央公園。

在查爾斯 · 惠倫（Charles Wheelan）所寫的《非典型人生建言：常春藤盟校畢業典禮中的 10½ 個提醒》中，第 6.5 件事也是讀訃聞。

2. 想著過程，而非成果

第二部分的標題靈感來自美國作家蓋伊 · 泰利斯（Gay Talese）的一次訪談，他說：「我是自己工作的紀錄者。」

4. 打開你的藏寶箱

這幅版畫取自十六世紀義大利藥材商斐蘭特 · 伊沛拉多（Ferrante Imperato）所出版的《自然歷史》（*Dell'Historia Naturale di Ferrante Imperato Napolitano*）一書。這幅畫也出現在作家勞倫斯 · 魏許勒（Lawrence Weschler）所著的《威爾森先生的寶櫃》（*Mr. Wilson's Cabinet of Wonder*）封底。

磚牆上的標誌照片是在費城一處後巷裡拍的，照片沒有經過變造。

5. 說好聽的故事

我在 2011 年十月號的《連線雜誌》（*Wired*）上讀到作家丹・哈蒙對結構的想法，雜誌中也收錄一幅插畫，解釋他的故事循環。

馮內果在好幾篇文章中都提到他的故事雛形，但最能清楚解釋其中概念的是發表在《聖棕樹節》（*Palm Sunday*）一書中，後來在《沒有國家的人》（*A Man Without a Country*）中，他又套用相同的雛形。

德國劇作家兼小說家古斯塔夫・佛雷塔格（Gustav Freytag）在 1876 年出版《戲劇的技巧》（*Die Technik des Dramas*）一書，其中描述的寫作技巧後來變成為知名的「佛雷塔格金字塔」。

7. 別變成人肉垃圾郵件

「釣到魚後請放生」的標誌是在德州奧斯汀市穆勒湖公園拍攝的。

最後一張照片是在東奧斯汀莊園路上的冰雪皇后冰店拍的。

9. 賣出／出賣

第一部分的標題是來自惠曼大學的湯米‧豪威爾教授
（Tommy Howells），他的學生錄下他的談話：「文藝復興
時代也是需要金主的，所有一切皆然。」在他的推特上有更
多精彩格言：@TommyHowells。

「請付我錢」這張照片，是在華盛頓州西雅圖的一個停車標
誌，擦去了幾個字。

「我的生意就是藝術」這張照片，是在德州洛克哈的一個停
車標誌，擦去了幾個字。

我在加拿大安大略省的多倫多諾克斯長老教會教堂外，看見
這座標示。

10. 堅持下去

「離開是為了再回來」是美國電視劇《路易的故事》（Louie）
第三季中，大衛‧林區所飾演的角色所講的話。

SHOW YOUR WORK!

SHOW YOUR WORK!

SHOW YOUR WORK!